평범한 아이를 과학 창의 영재로 만드는

신나는 과학실험의

모든 것 ①

생명과학
화학
물리(1) 편

톰 로빈슨 지음 | **고아라** 옮김

보통 아이들도 과학 영재로 만드는 **신비한 마법의 책!**
아마존닷컴 어린이 교육 분야 15년째 1위! 전 세계 과학실험 분야 베스트셀러!
미국 최고의 교육 전문가인 NBCT 자격 교사가 지은 최고의 과학실험 교과서!

"

호기심에서 출발하여
눈으로 보고 직접 체험하는
창의적인 과학실험이
미래의 훌륭한
과학자를 만듭니다.

"

인류가 낳은 천재 과학자이자 발명가
토머스 에디슨

에디슨의 생애 첫 실험은 집에서
병아리를 부화시키는 것이었습니다.

이 책을 읽는 예비 과학자들에게

훌륭한 과학자가 되려면 무엇이 필요할까요?

여러분이 알고 있는 유명한 과학자들(아이작 뉴튼, 루이 파스퇴르, 알버트 아인슈타인, 토머스 에디슨, 피에르&마리 퀴리, 스티븐 호킹 등)을 생각해 보세요. 이 사람들이 공통적으로 가진 특징이 무엇일까요? 이들이 살던 때 다른 똑똑한 사람들도 있었지만 그들과 이 훌륭한 과학자들을 차별되게 한 공통점은 '질문을 던지는 능력'이었어요.

머리가 좋다고 해서 모든 준비가 된 것은 아니에요. 훌륭한 과학자가 되기 위해서는 말이죠, 수백, 많게는 수천 명의 사람이 이미 그 문제를 다루었지만 실패했던 경험이 있어요. 우리도 그 수많은 관점으로 문제를 볼 줄 알아야 해요.

나아가 새로운 방식으로 질문을 던질 수 있어야 하죠. 그리고 그 질문을 붙잡고 답을 찾기 위해 새로운 방법을 발견해 가는 겁니다. 바로 이것이 뉴턴을 비롯한 여러 위대한 과학자들을 그렇게 유명하게 만들 수 있었던 것이지요. 그들은 '이 질문에 대한 답을 꼭 찾고 싶다'는 마음으로 지능과 호기심을 잘 결합했고, 마침내 그 답을 발견하고 그로 인해 유명해진 것이랍니다.

이 책은 과학의 다섯 가지 영역(생명과학, 화학, 물리, 지구과학, 그리고 인간의 몸)을 소개하며 여러분의 호기심을 자극하여 활용하도록 돕고자 합니다. 과학자처럼 생각하는 것을 시작할 수 있도록 몇 가지 질문들도 책 곳곳에 준비해 두었어요. 아마 이전에도 한 번씩 들어 봤을 질문이에요. 예를 들어, '왜 하늘은 파랄까요?' 같은 것들이죠. 질문들 가운데 어떤 것은 꽤 새로운 질문일 수도 있고요.

여러분도 제 2의 토마스 에디슨이 되어 세상이 기다려 온 무언가를 발명해 내고, 제 2의 아이작 뉴턴이 되어 그 누구도 답할 수 없던 질문에 대한 답을 내릴 수 있을까요? 물론입니다. 다만 필요한 것은 우리 어린이들 모두가 자연스럽게 갖고 있는 바로 그것, '호기심'이에요.

— 톰 로빈슨

> **" 가장 중요한 것은 질문하기를 멈추지 않는 것이다. "**
>
> — 알버트 아인슈타인

이 책을 활용하는 방법!

해 볼까요?

어린이 실험교실

과학 올림피아드

- 빨리 쉽게 해 볼 수 있는 간단한 실험 활동

- 좀 더 규모가 크고 더 복잡한 실험

- 과학 원리의 핵심을 알 수 있는 심도 깊은 실험

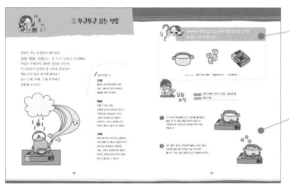

- 단원에서 제시하는 질문을 확인하고 함께 생각해 봅니다.

- 집에 있는 재료를 준비합니다.
  실험 과정을 보고 찬찬히 따라 해 봅니다.
  (위험한 실험은 꼭 부모님이나 선생님과 함께하세요.)

- 실험 결과 무슨 일이 일어나는지
  결과를 확인하고 왜 그렇게 됐는지 생각해 봅니다.

- **따라잡기** 를 통해
  실험을 더 다양하게 시도해 보고
  관련된 과학 현상도 폭넓게 살펴봅니다.

꼭 알아두세요!

- 실험을 할 때는 꼭 부모님이나 선생님이 보는 앞에서 하세요.
- 불이나 날카로운 물건을 다룰 때에는 부모님이나 선생님께 부탁하세요.

✤ 이 책에 대한
전 세계 독자들의 찬사!

아이가 직접 실험을 해서 결과를 얻으면 과학에 커다란 흥미를 느끼게 될 거예요. "달걀 용해 실험"은 꼭 해 보세요! - 아마존 독자, 마가렛 더빈(Margaret Durbin)

아들의 생일파티에 아들의 친구들에게 이 책을 주었더니, 아이들은 과학실험에 푹 빠져서 과자와 장난감이 가득한 선물 상자는 거들떠보지도 않더군요.
- 아마존 독자, 젠 던벨(Jen Danbel)

대부분의 재료를 집에서 쉽게 구할 수 있고, 덕분에 온가족이 함께 학교 교육과정을 즐겁게 공부할 수 있습니다. 다양한 실험들을 그룹으로 만들어서 쉽게 과학 전체를 이해할 수 있게 만들어 주는 책입니다!
- 아마존 독자, kpcetal 회원

이 책은 실험실이 없어도 부담 없이 할 수 있는 쉽고 간단한 실험들을 선사합니다.
- 아마존 독자, terrafax 회원

마트에서 손쉽게 구할 수 있는 재료로 재미있는 실험을 할 수 있는 책!
- 아마존 독자, Pistol King 회원

내 딸은 스무 살인데도 아직 이 책을 좋아합니다. 지금은 이 책을 이용해서 과학 프로젝트도 진행하고 있지요.
- 아마존 독자, C.B. 회원

9살짜리 동생이 혼자서도 실험을 하고 원리를 이해하도록 만들어 준 책입니다.
- 아마존 독자, Danielle 회원

평소엔 매우 산만한 우리 아이도 이 책이 알려준 실험을 할 때는 몇 시간 동안이나 집중해서 빠져들었습니다.

- 아마존 독자, 레베카 B.(Rebecca B)

과학을 공부할 때는 글로만 익힌 지식보다는 직접 경험하고 느낀 내용을 더 잘 기억합니다. 이 책은, 주위에서 쉽게 구할 수 있는 재료로 아이들의 흥미와 호기심을 불러일으켜 보다 창의적인 문제해결능력을 가진 아이들로 자라게 할 것입니다.

- 이소영, 사이언스 커뮤니케이터, 초등 과학실험 강사 선생님

과학의 핵심 주제로 다양한 실험들을 할 수 있어서 쉽게 과학 전체를 이해할 수 있습니다. 호기심 많은 아이들을 흥미로운 과학의 세계로 이끌어 주면서, 훌륭한 과학자를 꿈꾸게 만드는 매력적인 책입니다.

- 고아라, 고양제일중학교 과학 선생님

거창하게 큰 실험실에서 하는 것만이 과학이 아닙니다. 우리가 생활하면서 접하게 되는 모든 것들이 과학이지요. 숟가락과 압정과 끈만 가지고도 실험을 할 수 있습니다. 이 책은 집에서 쉽게 구할 수 있는 재료들로 아이와 부모가 같이 실험을 해 볼 수도 있고, 아이 혼자서도 재미있게 실험할 수 있도록 알차게 구성되어 있습니다. 또한 과학발전 3단계인 경험단계(실험) → 개념단계 → 탐구단계에 맞추어, 이 책은 과학개념/해볼까요(개념설정) → 실험과정(경험단계) → 무슨 일이 일어났나요/따라잡기(탐구단계)의 3단계로 편성하여 학생이 기초 과학 개념을 더 정확하고 탄탄하게 익히도록 이루어져 있습니다.

- 정봉식, INS 수학과학학원 원장님

이 책에 소개된 실험들은 그 자체가 흥미롭고, 준비물도 실생활에서 구하기 쉬운 것들이어서 매우 실용적입니다. 또한 단순히 흥미로운 실험을 소개하며 끝나는 것이 아니라, 현상이 일어나는 이유에 대해 과학적인 원리를 바탕으로 다시 생각해 보게 합니다. 그리고 기초 개념부터 심화 개념까지 자연스럽게 연결되어 학생들의 자기주도적인 학습을 이끌어 내는 데 큰 도움이 될 것 같습니다. 과학에 관심이 있는 초등학생들 뿐만 아니라 재미있는 과학 수업을 고민하시는 현직 교사들에게도 적극 추천하고 싶습니다.

- 이수진, 서울 율현초등학교 선생님

초등교과 연계표

이 책의 실험과 우리나라 초등교과와의 연계표

과목	실험 제목	관련 교과	핵심 개념
생명과학	1. 빨간 꽃, 노란 꽃, 내 맘대로	과학 5학년 1학기 3단원 - 식물의 구조와 기능	줄기에서의 물의 이동
	2. 낙엽색은 왜 다 다를까?	과학 5학년 1학기 3단원 - 식물의 구조와 기능	식물의 광합성 작용
	어린이 실험교실 ①	과학 4학년 1학기 2단원 - 식물의 한살이	식물과 햇빛
	3.막힌 벽 통과하는 마술!	과학 5학년 1학기 3단원 - 식물의 구조와 기능	삼투현상
	어린이 실험교실 ②	과학 6학년 2학기 1단원 - 생물과 우리 생활	세균이 미치는 영향
	4. 벌레는 뭘 싫어하지?	과학 6학년 2학기 1단원 - 생물과 우리 생활	작은 생물의 특징
	어린이 실험교실 ③	과학 6학년 2학기 1단원 - 생물과 우리 생활	작은 생물의 특징
	5. 동물의 위장술	과학 6학년 2학기 1단원 - 생물과 환경	환경에 적응하는 생물
	어린이 실험교실 ④	과학 4학년 1학기 1단원 - 무게 재기	무게 중심
	과학 올림피아드	과학 5학년 1학기 3단원 - 식물의 구조와 기능	식물의 옥신과 중력

화 학	6. 부글부글 끓는 얼음	과학 5학년 1학기 1단원 - 온도와 열	열의 이동
	7. 둥둥 떠 있는 포도	과학 3학년 1학기 1단원 - 우리 생활과 물질	물질의 밀도
	어린이 실험교실 ⑤	과학 4학년 1학기 4단원 - 혼합물의 분리	물질의 밀도
	8. 절대 쏟아지지 않는 물	과학 6학년 1학기 4단원 - 여러 가지 기체	공기의 압력
	어린이 실험교실 ⑥	과학 6학년 1학기 4단원 - 여러 가지 기체	공기의 팽창과 수축
	9. 산성과 염기성, 어떻게 알지?	과학 5학년 2학기 2단원 - 산과 염기	산과 염기의 구별
	10. 날달걀 껍질을 벗길 수 있다고?	과학 5학년 2학기 2단원 - 산과 염기	산의 반응
	11. 거품 괴물 되기	과학 6학년 1학기 4단원 - 여러 가지 기체	이산화탄소
	어린이 실험교실 ⑦	과학 5학년 2학기 2단원 - 산과 염기	산과 염기의 반응
	12. 동전 목욕시키기	과학 5학년 2학기 2단원 - 산과 염기	산의 성질
	어린이 실험교실 ⑧	과학 5학년 2학기 2단원 - 산과 염기	산의 반응과 도금
	과학 올림피아드	과학 5학년 2학기 1단원 - 날씨와 우리 생활	기압의 변화

물 리 ①	13. 책상 위 놀이터 만들기	과학 4학년 1학기 1단원 - 무게 재기	수평과 균형
	14. 물풍선 전쟁!	과학 5학년 2학기 3단원 - 물체의 속력	운동과 충격
	어린이 실험교실 ⑨	과학 3학년 1학기 1단원 - 우리 생활과 물질	부력
	15. 아무도 없는데 누가 자꾸 밀어?	과학 5학년 2학기 3단원 - 물체의 속력	관성
	16. 풍선 로켓 만들기	과학 5학년 2학기 3단원 - 물체의 속력	작용과 반작용
	어린이 실험교실 ⑩	과학 5학년 2학기 3단원 - 물체의 속력	진자의 주기

차례

2권

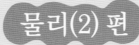

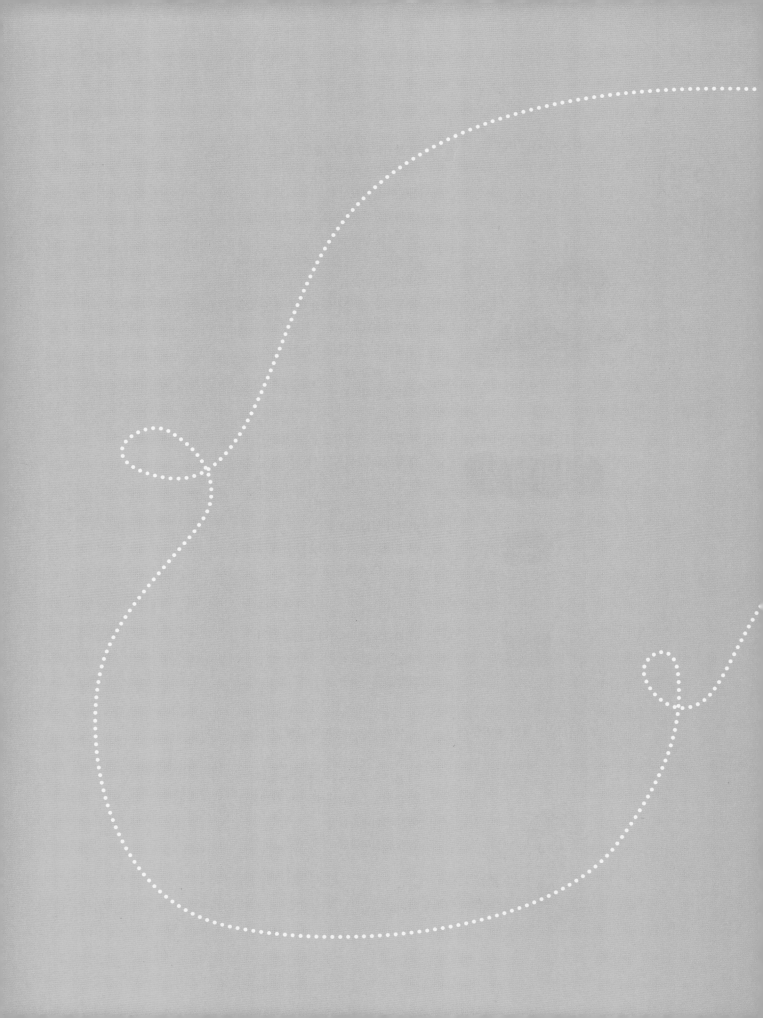

생명
과학

생명,

우리는 모두 생명을 갖고 있어요.

하늘을 나는 새들, 바닷속 물고기, 땅 위의 동물과 식물까지

우리 주변의 모든 세상은 생명으로 가득하지요.

그런데 생명이라는 것은 정말 어떻게 일하는 걸까요?

① 빨간 꽃, 노란 꽃, 내 맘대로

식물을 한번 생각해 볼까요?

우리는 식물을 통해 '생명'이 무엇인지,

어떻게 일하는지 아주 간단히 알 수 있답니다.

식물을 땅에 심어 보세요,

물을 주고 햇빛을 비춰 줘 보세요.

식물은 쑥쑥 자라고, 꽃을 피울 거예요.

식물 속에서는 우리가 눈으로 볼 수 없는 수많은 과정이 일어나고 있답니다.

식물에게 가장 중요한 '물'을 통해 이 과정을 이해해 보도록 해요.

질문 땅 속의 물이 어떻게 식물의 잎까지 이동하는 걸까요?

실험 준비물 **물 4컵** | **카네이션 3송이** | **빨강, 파랑, 초록, 노랑의 식용색소** | **작은 칼**

실험 과정

❶ 물컵 4개에 색소를 하나씩 섞어 주세요.
색깔이 진할수록 실험 결과는
더 효과적이랍니다.

❷ 첫 번째 카네이션을
원하는 컵에 넣으세요.
줄기가 너무 길면 살짝
다듬어 주세요.

❸ 두 번째 카네이션을
다른 컵에 넣어 주세요.

❹ 어른의 도움을 받아 마지막
카네이션의 줄기를 세로로 자릅니다.
마치 줄기 두 개를 가진 것처럼요.
이때 두 줄기는 모두 꽃에
붙어 있어야 해요.

❺ 마지막 카네이션의 반쪽을
세 번째 색의 컵에 넣고, 다른 반쪽을
네 번째 색의 컵에 넣어 주세요.

❻ 이대로 햇볕에 두고 하루 정도 기다립니다.
그리고 꽃을 잘 관찰해 보세요.

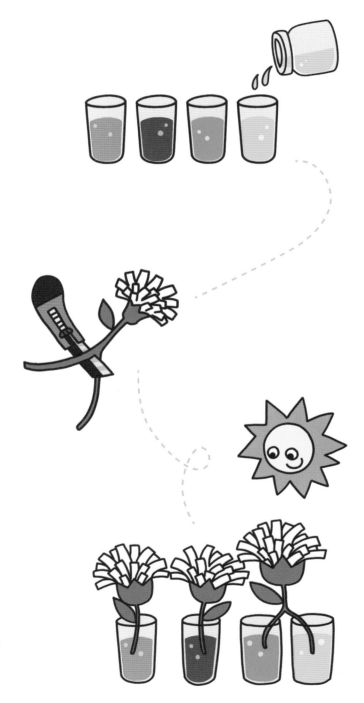

무슨 일이 일어났나요?

물은 식물의 줄기를 따라 꽃의 가장 바깥쪽까지 이동해요.
'모세관 현상' 이라 불리는 과정을 통해서지요.
하얀 카네이션들이 각각의 컵에 담긴 물 색깔과
똑같이 변해 가는 것에서 이 현상을 관찰할 수 있어요.

더 흥미로운 것은 마지막 카네이션처럼 줄기가 나뉜 경우,
꽃이 두 가지 색을 모두 나타내게 된답니다.
같은 현상을 더 살펴보고 싶다면 다른 꽃들과
또 다른 색소들을 이용하여 이 실험을 반복해 보세요.
잎이 달린 샐러리 줄기도 이 실험에서
좋은 결과를 낸답니다.

단어알기

모세관 현상

땅 속의 물과 다른 영양분들을
땅으로부터 식물의 곳곳에
운반하는 과정

따라잡기

마당에 있는 식물에 물을 줄 때, 물을 잎에 줘야 할까요?

아니면 식물 아래 땅에 줘야 할까요?

: : 식물의 잎뿐 아니라 꼭 식물 주위의 흙에 물을 줘야 합니다. 일부의 물이 잎을

통해 흡수되기도 하지만, 식물은 흔히 여러분이 앞 실험에서 본 과정처럼 흙 속

뿌리를 통해 물을 얻는답니다.

② 낙엽색은 왜 다 다를까?

나무를 생각해 볼까요?

어떤 나무는 가을, 겨울에 잎이 우수수 떨어지고 봄에 새로운 잎이 자라는데요.

또 어떤 나무들은 1년 내내 초록색이랍니다.

쌀쌀한 가을날, 나무에서 잎이 떨어지는 것을 본 적이 있죠?

잘 생각해 보면 잎이 초록색에서 노란색이나 붉은색,

주황색 등으로 서서히 바뀐 다음에

땅으로 떨어진다는 것을 눈치챘을 거예요.

질문 잎들은 어디서 색을 얻는 걸까요?

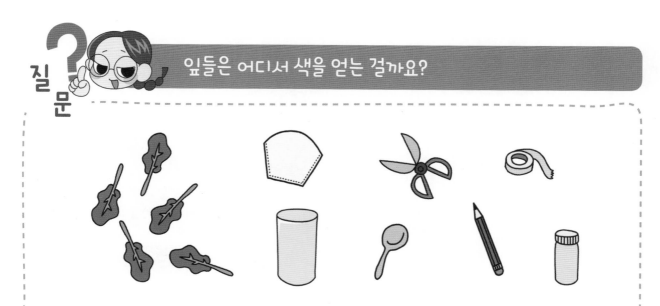

실험 준비물 　시금치 잎 4~5개 ｜ 커피 필터 ｜ 물컵 1개 ｜ 가위 ｜ 숟가락 ｜ 테이프 ｜ 연필
아세톤(네일 리무버 – 부모님께 도움을 구하세요.)

실험 과정

❶ 시금치 잎을 작은 조각으로 찢어 주세요.

❷ 조각들을 컵 바닥에 두고 숟가락으로 으깹니다.

❸ 으깬 잎에 아세톤을 넣어 주세요.
잎 조각들이 완전히 잠기도록 아세톤을 충분히 넣습니다. 잎 조각들이 아세톤의 바닥에 가라앉을 때까지 기다려 주세요.

❹ 커피 필터를 긴 직사각형 모양으로 잘라 주세요. 컵보다는 폭이 좁도록 자릅니다.

❺ 잎 조각들이 모두 가라앉으면 직사각형 모양의 커피 필터를 연필에 붙이고 연필을 컵의 윗부분을 가로지르게 놓고 커피 필터가 아세톤 안에 들어가도록 합니다. 잎 조각들을 건드리지 않도록 조심하면서요.

❻ 이대로 컵을 몇 시간 정도 둡니다.

무슨 일이 일어났나요?

많은 색들이 필터를 타고 열심히 올라가는 것이 보이나요?
여러분이 보고 있는 초록색은 사실 잎 속에 있는 엽록소라는 화학 물질이에요.

빨간색, 노란색, 주황색과 같이 단풍이 들 때 보이는 색깔은
초록 잎 속의 다른 화학 물질들로부터 나타나는 것이랍니다.

봄과 여름 동안에는 식물이 광합성을 통해 엽록소를 정말 많이 만들어 내기 때문에
우리 눈에는 잎이 초록색으로만 보입니다.
하지만 낮의 길이가 점점 짧아지면서 엽록소가 적게 만들어지고,
초록색이 점점 옅어져서 숨어 있던 다른 색깔을 볼 수 있는 거지요.
초록색이 사라지게 되면 곧 잎은 땅으로 떨어지게 되고요.

🖊 단어알기

엽록소
잎을 초록색으로 만드는
식물 속 화학 물질

광합성
햇빛과 물을 엽록소로 만드는
식물 내의 과정

따라잡기

가을이 올 때, 잎들의 색이 변하는 것을 주의 깊게 관찰해 보세요.
이런 현상은 왜 일어날까요?

:: 낮이 짧아지고, 식물이 받는 빛의 양이 줄어들게 되면 식물은 충분한 엽록소를

만들어 내지 못하고, 또한 만들어져 있던 엽록소도 많이 파괴됩니다. 식물 속에는

원래부터 초록색 말고도 다른 색소도 있는데, 붉은색 색소인 안토시아닌이나

노란색 색소인 크산토필, 갈색 색소인 타닌과 같은 색소들이지요. 이 색소들은

엽록소가 충분할 때는 초록색에 가려져 보이지 않다가 낮의 길이가 짧아짐에 따라

엽록소가 줄어들어 색소의 색이 나오게 되고, 이것이 우리 눈에 색색깔의 단풍으로

보이는 것이지요. 또한 날씨가 더 추워지면 식물이 물을 흡수하기 어려워지기

때문에, 최대한 물의 증발을 줄이기 위해 '떨켜'라는 특수한 조직을 만들어서 잎을

스스로 떨어뜨려요. 참 신기하죠? 소나무같이 잎이 뾰족한 나무들은 물의

증발이 워낙 적기 때문에 잎이 떨어지지 않는 것이랍니다.

 **아! 그렇구나**

엽록소는 빨간색과 파란색 빛을 흡수하고
초록색 빛을 우리 눈으로 반사한대요!

질문 씨앗이 크기 위해서 빛이 필요할까요?
식물이 자라기 위해서 빛이 필요할까요?

실험에 앞서

여러분은 바로 앞 실험에서, 충분히 빛을 받지 못할 때
나무가 잎을 떨어뜨리게 된다는 것을 알았지요?
하지만 일반적인 식물과 나무는 약간 다르답니다.

이 실험에서는 씨앗들과 식물을 어둠 속에 놓은 경우와 빛에 놓은 경우를
각각 살펴볼 텐데요. 이를 통해 씨앗과 식물이 자라나는 데 있어
빛이 필요한지 알아보고자 해요.

또한 여러분은 빛이 식물의 성장 패턴에 영향을 미치는지도
함께 관찰할 수 있을 텐데요. 식물에서의 성장 과정은
매우 느리게 일어나기 때문에
이 실험도 며칠 정도 걸릴 거예요.
하지만 결과는
살짝 놀랄 만큼 좋을 테니 기대하세요.

과학개념

대부분의 정원사들은 어떤 식물이든 빛과 물이 기본적으로 꼭 필요하다고 생각해요.
우리는 실험을 통해 이것이 맞는지 틀리는지 증명해 볼 거예요.

이 실험에서는 씨앗을 둘로 나누어 일부는 어두운 곳에서,
또 나머지는 빛 속에서 자라게 할 거예요.
또한, 두 개의 건강한 식물을 골라 하나는 어두운 옷장 속에
하나는 햇빛을 잘 받는 곳에 며칠 동안 놓아 볼 거랍니다.

이 실험을 하는 동안 여러분은 과학의 탐구방법에서
매우 중요한 것 중 하나를 실천할 텐데요,
바로 한 번의 실험에서 하나의 변화만을 알아본다는 것입니다.

즉, 이 실험에서는 씨앗과 식물을 놓는 장소를 제외하고
나머지를 똑같은 조건으로 맞춰 주어야 합니다.
이렇게 하면 빛이 정말 그 차이를
만드는 것인지 아닌지를 알 수 있겠지요?

관련교과 과학 4학년 1학기 2단원 – 식물의 한살이

핵심개념 식물과 햇빛

실험 준비물   키친타월 2장 ｜ 물 ｜ 작은 접시 2개 ｜ 강낭콩 ｜ 화분에 심은 식물 2개

1 키친타월을 접시에 잘 맞게 접어,
접시 2개에 하나씩 올려놓습니다.

2 콩 여러 개를 접시 2개 위에 각각
올려놓으세요.

3 키친타월이 축축해질 정도로
충분히 물을 붓습니다.
접시에 물이 넘치지 않을 만큼요.

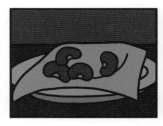 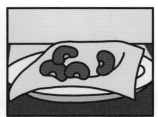

4 접시 하나는 어두운 옷장 속에 넣어 둡니다.
또 하나는 햇빛이 잘 드는 곳에 둡니다.

5 식물을 심은 화분은 흙이 젖을 정도로 물을 주고, 어두운 옷장 속의 콩 접시 옆에 놓아 주세요.

6 다른 화분에도 물을 주고 햇빛이 잘 드는 곳의 콩 접시 옆에 놓아 주세요.

7 이틀이 지나면, 콩이 든 두 접시를 약간 물로 적시고 두 화분에도 물을 줍니다. 같은 양의 물을 줘야 합니다. 그래야 잘 통제된 실험을 할 수 있으니까요.

8 나흘이 지난 뒤, 콩과 식물을 옷장에서 꺼내어 햇빛이 잘 드는 곳에 있던 콩과 식물 옆에 놓습니다.

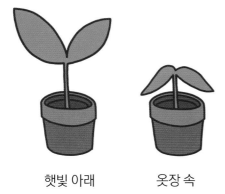

햇빛 아래　　　옷장 속

햇빛 아래　　　옷장 속

25

어린이 과학자를 위한 질문

🧪 어둠 속에 있던 콩과 햇빛 아래에 있던 콩 중 어떤 것이 더 잘 자랐나요?

🧪 어둠 속에 있던 식물과 햇빛 아래에 있던 식물 중 어떤 것이 더 잘 자랐나요?

🧪 화분에 식물의 씨앗을 심는다면, 그 화분을 밝은 곳과 어두운 곳 중 어디에 두고 싶나요?

🧪 어떤 씨앗들은 다른 양의 빛을 필요로 하진 않던가요?

씨앗의 종류를 달리 해 보고 빛의 양을 달리 해 보며 싹을 틔우는 것과 식물이 자람에

있어 어떤 요인이 가장 영향을 많이 미치는지 실험으로 알아봅시다.

●해설은 책 142쪽에 있어요.

③ 막힌 벽 통과하는 마술!

식물이 갖고 있는 또 다른 놀라운 능력 중 하나는,
그 표면을 통해 바로 물을 흡수할 수 있다는 거예요.
이 과정을 삼투현상이라고 부르지요.
이것이 어떻게 작용하는지 실험을 통해 알아보아요.

단어알기

삼투현상

반투막을 사이에 두고 양쪽
용액에 농도 차가 있을 때,
농도가 낮은 곳에서 높은 곳으로
용매분자들이 옮겨가는 현상

질문 액체가 벽을 통해 지나갈 수 있을까요?

실험 준비물 넓은 유리컵이나 계량컵 2개 ┃ 물 ┃ 포비돈 액(빨간약 – 약국에서 살 수 있어요.)
옥수수 전분 ┃ 밀봉할 수 있는 작은 비닐팩

관련교과 과학 5학년 1학기 3단원 – 식물의 구조와 기능

핵심개념 삼투현상

❶ 유리컵 2개에 물을 3/4씩 채웁니다.

❷ 찻숟가락으로 둘 정도의 포비돈 액을 유리컵 하나에 넣고 물과 섞어 주세요.

❸ 다른 유리컵에는 일반 숟가락으로 하나 만큼의 옥수수 전분을 넣고 물과 섞어 주세요. 그리고 이 용액의 절반을 비닐팩에 넣어 주세요.

❹ 비닐팩을 단단히 봉한 뒤, 포비돈 액이 든 유리컵에 넣습니다. 넣기 전에 비닐팩 바깥 면에 옥수수 전분이 묻어 있지 않도록 물로 닦아 줍니다.

❺ 비닐팩을 포비돈 액이 든 유리컵 속에 한 시간 정도 넣어 둡니다. 이때 어떤 변화가 일어나는지 잘 관찰합니다. 그동안에 몇 방울의 포비돈 액을 옥수수 전분이 들어 있는 유리컵 속에 떨어뜨리고 무슨 일이 일어나는지 관찰하세요.

옥수수 전분 용액은 포비돈 액이 있을 때
어두운 색으로 변합니다. 두 번째 유리컵에 포비돈 액을
떨어뜨렸을 때 이 현상을 보았겠지요?

포비돈 액 역시 녹말(전분)이 있으면 색깔이 변합
니다. 하지만 우리는 첫 번째 유리컵에서 포비돈 액의
색이 변하는 것을 보지 못했는데요. 어떻게든 포비돈 액은 비닐팩의 벽을 통과해
들어갔지만, 비닐팩 안의 옥수수 전분은 포비돈 액으로 통과해 나갈 수는
없었던 것이죠.

즉, 옥수수 전분 분자는 포비돈 액 분자에 비해 큽니다.
더 중요한 것은 포비돈 액 분자가 비닐팩의 구멍보다 작다는 것이죠.(맞아요. 비닐팩에
도 구멍이 있어요!) 그렇기 때문에 포비돈 액은 비닐팩을 통과할 수 있었습니다.

하지만 이 구멍이 옥수수 전분 분자가
통과하기에는 너무 작았기 때문에
옥수수 전분은 비닐봉지 사이에
끼어 버렸습니다. 그래서 포비돈 액
혼합물은 색이 변하지 않고
원래 색 그대로 있었던 것이죠.

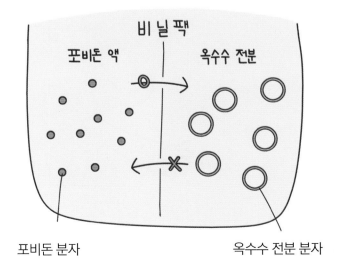

포비돈 분자   옥수수 전분 분자

 **바나나로 풍선을 불 수 있을까요?**

실험에 앞서

어러분은 바나나를 좋아하나요?

이 실험에서는 시간이 흐름에 따라 바나나가 분해되면서

풍선을 부풀게 하는 것을 볼 수 있을 거예요.

'따라잡기'를 통해, 다른 과일들도 분해되면서 같은 결과를 보이는지

실험해 보세요.

결국 식물은 죽는답니다.

바나나는 바나나 나무에서 자라는데요. 바나나를 먹기 전에 바나나가 익어
갈색으로 변하는 것을 본 적이 있는 사람이라면 바나나라는 과일이 익고 죽는,
매우 극적인 변화를 겪는다는 것을 알 거예요.

바나나가 익을 때 박테리아는 바나나에 모입니다.
박테리아는 너무 작기 때문에 우리 눈으로 직접 볼 수는 없지만,
박테리아는 그곳에 있을 뿐더러 바나나에 남겨진 것들을 먹으며 점점 더 많아집니다.
이렇게 음식을 처리하는 과정에서 박테리아는 기체를 내보내게 되는데요,
한 마리가 내보내는 기체의 양이 많지 않을지라도 충분한 숫자의 박테리아가 있다면
이 기체가 풍선을 부풀게 하리라고 생각할 수도 있겠죠?

일단 이 실험을 마친 뒤, 여러분의 다음 도전은
다른 과일에서도 같은 결과가 나오는지
보는 것이랍니다.

✏ 단어알기

박테리아

모든 것 안에서 살 수 있는
매우 작은 유기체.
어떤 박테리아는 우리를
아프게도 하지만 대부분은
우리가 건강하도록 돕는
역할을 해요.

관련교과 과학 6학년 2학기 1단원 – 생물과 우리 생활

핵심개념 세균이 미치는 영향

실험 준비물   아주 잘 익은 바나나 ㅣ 그릇 ㅣ 입구가 좁은 플라스틱병이나 유리병 ㅣ 풍선

1 아주 잘 익은 바나나를 골라
껍질을 벗긴 뒤 그릇에 넣고 으깹니다.
덩어리가 없어질 때까지 으깨 주세요.

2 으깬 바나나를 떠서 병에 옮겨 넣습니다.

3 풍선을 병의 입구에 잘 씌웁니다.

4 병을 따뜻하고 햇빛이 잘 드는 곳에 놓고
며칠 동안 병 속의 변화를 관찰합니다.

5 바나나의 부패 과정을 살피기 위해
풍선 둘레의 길이를 매일 측정합니다.

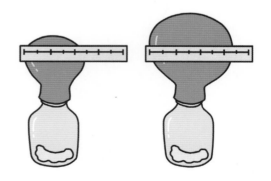

어린이 과학자를 위한 질문

🧪 풍선을 부풀도록 한 것은 무엇일까요?

🧪 바나나에 무슨 일이 발생하는 것일까요?

🧪 풍선이 부풀기 시작하기까지 얼마나 걸리나요?

• 해설은 책 142쪽에 있어요.

 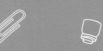 
다른 과일로도 실험을 반복해 봅시다.

사과나 오렌지, 포도, 멜론 같은 다른 잘 익은 과일을 으깬 다음,

앞과 같은 방법으로 실험해 보세요. 각각의 과일 실험에서 풍선이 커지는

정도를 비교해 보면, 어떤 과일이 가장 빨리 부패하는지 알 수 있겠지요.

실험과정을 아래의 실험 노트에 기록해 보세요.

과일	풍선의 변화 과정

④ 벌레는 뭘 싫어하지?

비가 많이 내린 후 마당에 나갔을 때,
혹은 학교 화단에서 큼직한 돌을 들어올렸을 때 벌레를 만나 본 적이 있죠?

우리는 생각보다 벌레에 대해 아는 게 너무 적어요.
물고기를 잡을 때 좋은 미끼가 된다는 것
말고는 말이죠. 보기에 좀 징그럽기도 하고,
딱히 특별한 용도가 있는 것 같진 않지만
벌레는 땅에 굉장히 중요한 존재랍니다.
흙을 매우 좋게 만들어 주거든요.

질문 벌레는 빛을 더 좋아할까요, 어둠을 더 좋아할까요?

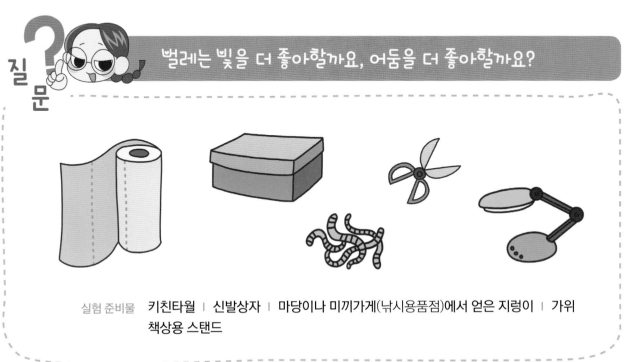

실험 준비물 키친타월 │ 신발상자 │ 마당이나 미끼가게(낚시용품점)에서 얻은 지렁이 │ 가위
책상용 스탠드

실험 과정

1 신발상자의 뚜껑을 1/3쯤 잘라 내세요.

2 키친타월 몇 장에 충분히 물을 적신 다음, 신발상자 바닥에 놓습니다.

3 벌레를 상자 끝 쪽 키친타월 위에 놓아 주세요. 서로 겹치지 않고 고르게 놓일 수 있도록 합니다. 이때 벌레들을 조심스레 다뤄 주세요. 진정한 과학자는 모든 생명체를 소중히 다룬답니다.

4 상자의 뚜껑을 덮습니다. 잘라 낸 부분이 벌레와 같은 쪽이 되도록 합니다.

5 상자에서 30~60cm 정도 높이에서 빛이 내리쬐도록 책상용 스탠드를 설치합니다.

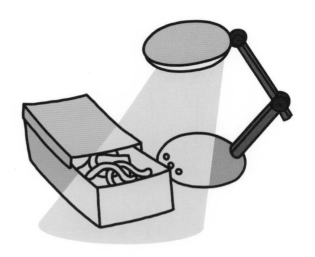

6 책상용 스탠드의 불빛 아래에 상자를 15~30분 정도 둡니다.

7 다시 돌아와 뚜껑을 열고 벌레들이 어디에 있는지 확인해 보세요.

무슨 일이 일어났나요?

벌레들은 빛을 피해 움직이는 경향이 있지요.
그래서인지 벌레들은 흙을 정말 좋아한답니다.
상자에 빛을 비추면 벌레들은 최대한
빛으로부터 멀어지려 하지요.
어떤 경우 벌레는 빛을
피하려고 키친타월 밑으로
기어들어가기도 할 거예요.

벌레들은 우리처럼 빛을 볼 수는 없지만 빛을 느낄 수는 있습니다.
벌레들의 신경계가 빛을 감지하면 즉시 빛으로부터 멀리 떨어지려고 합니다.

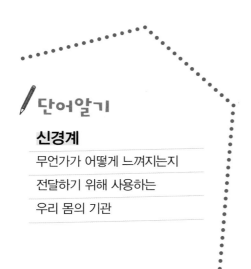

단어알기

신경계

무언가가 어떻게 느껴지는지
전달하기 위해 사용하는
우리 몸의 기관

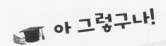 아 그렇구나!

지렁이는 비가 오면 왜 땅 밖으로
기어나올까요? 그건 숨을 쉬기 위해서죠.
지렁이는 피부로 호흡을 하는데
비가 오면 지렁이가 사는 곳에 물이 차게
되고 그러면 숨쉬기가 힘들어지거든요.
땅 밖에서 호흡을 하다가 해가 뜨면 미처
집으로 돌아가지 못한 지렁이는
죽기도 해요.

과일 판매대에 과일을 오랫동안 두면 파리들이
윙윙거리며 꼬이는 것을 본 적이 있을 거예요.
초파리에 관한 재미있는
실험이 있답니다.

질문 **파리들은 어떤 것을 먹기 좋아할까요?**

실험에 앞서

많이많이 익은 바나나를 열린 병에 넣고 썩게 해 보려고요.
바나나가 든 병 옆에 아무것도 들어 있지 않은 병을 놓아 주세요.
곧 초파리들이 바나나에 몰려들어 바나나를 썩게 할 겁니다.
또 어디에서 나타났는지 알 수 없지만 구더기라고 불리는 작은 생물체들이
나타나는 것도 같이 볼 수 있을 거예요. 그동안 빈 병은 아무 변화가 없을 것
이고, 이 결과들을 보게 되면 다른 실험도 해 보고 싶어질 겁니다.

과학개념

오랜 시간 과학자들은 썩은 과일들이
자연적으로 생명을 발생시킨다고 믿었어요.
이는 아무것도 없는 것에서
생명이 생긴다는 뜻이죠.

이제 우리는 초파리들이 썩은 과일을 먹고
에너지를 얻어 알을 낳는다는 것을 알 수 있습니다.
그리고 구더기를 볼 것이고요.
또한 초파리는 굉장히 중요한 역할을 하는데요.
퇴비 통에 있는 남은 음식들이 썩으면서 굉장히 비옥한 토양으로 바뀌게 하거든요.
초파리들은 여러분의 바나나에서 이 과정이 빠르게 일어나도록 도울 거랍니다.

단어알기

구더기

매우 작은 벌레 같은
생명체로서,
초파리로 자라남

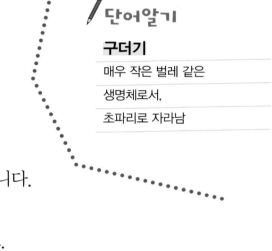

실험 준비물 익은 바나나 1개 ┃ 바나나를 담을 수 있는 충분한 크기의 유리병 2개

실험 과정

관련교과	과학 6학년 2학기 1단원 – 생물과 우리 생활
핵심개념	작은 생물의 특징

❶ 껍질을 벗긴 바나나를 잘게 잘라 병 하나에 넣습니다. 다른 병 하나는 빈 상태로 두세요.

❷ 2주간 유리병을 외부로부터 방해를 받지 않는 곳에 둡니다. 따뜻한 날씨라면 바깥에 두는 편이 좋고요.

❸ 하루에 두 번씩 바나나를 관찰하며 그 내용을 노트에 적습니다. 색이나 지속성, 냄새, 초파리나 다른 생물의 출현 여부를 포함해서 차근차근 적어 보세요

❹ 바나나가 들어 있는 병과 비어 있는 병을 비교해 봅니다.

❺ 2주 뒤, 그동안 일어난 변화를 관찰하기 위해 노트를 쭉 읽어 보세요.

어린이 과학자를 위한 질문

🧪 언제 초파리가 처음 나타났나요?

🧪 바나나가 먹을 수 없어 보일 때까지 얼마나 걸렸나요?

🧪 구더기는 어디서 왔을까요?

🧪 썩은 음식에서 다른 생명체들이 음식물이 부패하는 것을 도왔을까요?

• 해설은 책 142쪽에 있어요.

다른 실험도 해 봅시다.

병에 뚜껑을 덮어 놓고 같은 결과가 나타나는지 살펴봅니다.

사과나 오렌지, 복숭아 같은 다른 과일로도 실험해 보세요.

밝은 곳이나 어두운 곳, 따뜻한 곳, 추운 곳 등 병을 다른 곳에도 놓아 보세요.

그 변화 과정을 아래에 기록해 보세요.

과일	과일의 변화 과정

⑤ 동물의 위장술

얼룩 무늬 전투복을 입은 군인을 본 적이 있나요?
이 옷을 입고 숲에 숨어 있으면 눈에 잘 띄지 않아요.
바로 '위장술'인 것이죠.
적군들은 그 군인들을 찾기가 매우 어려워요.

위장을 잘하는 대표적인 동물로 카멜레온이 있어요.
주위 환경에 맞춰 자연스럽게 몸의 색깔을 바꾸니까요.

단어알기

위장

동물들이 그 주위 환경과
잘 섞여 보이게 변장하는 방법

질문 동물들은 어떻게 그 주위 환경과 어울릴 수 있을까요?

실험 준비물 **3가지 색의 큰 종이(색깔마다 2개씩 준비)** ǀ 가위 ǀ 함께 실험할 파트너

1 큰 종이를 색깔마다 한 장씩 가져다가
모두 5 x 5cm 크기의 정사각형 모양으로 잘라
주세요. 색깔마다 여러 조각이 나오겠지요?

2 파트너가 눈을 감고 있는 동안,
자르지 않은 큰 종이 3가지 색 중
하나를 고른 뒤, 그 위에다 자른
정사각형 조각들을 모두 올려놓으세요.

3 파트너가 눈을 뜨면 5초 동안 최대한
많은 정사각형 조각들을 집도록 합니다.

무슨 일이 일어났나요?

우리 눈은 색의 차이가 뚜렷하게 나는 것을 빨리 알아챕니다.
반대로 색 차이가 거의 없고 비슷하다면 잘 알아채지 못해요.
아마도 여러분의 파트너는 밑에 깔려 있는 종이 색과 다른
정사각형 종잇조각들을 집었을 거예요.

동물들이 위장을 할 때 자신의 몸 색깔과 주변 색이 잘 맞는다면,
자신을 보호할 수 있겠지요. 그들을 잡아먹으려는 적들이 색의 차이를 잘 구별하지
못해 그 동물들을 발견하지 못할 테니까요.

예를 들어 볼까요?
풀 위에 앉은 초록색 개구리나
나뭇가지 위의 갈색 도마뱀은
자신의 모습을 잘 감출 수 있어요.
만약 우리가 갈색 개구리를
풀 위에 올려놓고 초록 도마뱀을
나뭇가지에 올려놓는다면
어떻게 될까요?
적의 눈에 잘 띌 테고
위험에 처하게 되겠지요.

45

혹시 여러분에게 '블루 블로커'라고 불리는 선글라스 즉, 푸른색을 차단하는 선글라스를 가진 친구가 있나요? 만약 있다면 친구에게 한번 써 봐도 되는지 묻고 써 보기 바랍니다. 그 선글라스를 썼을 때 어떤 색깔이 가장 강하게 보이나요? 왜 그럴까요?

::'블루 블로커 렌즈'로 된 선글라스의 경우, 거의 모든 푸른색 빛을 다 차단합니다. 이 선글라스를 끼고 주위를 둘러보면 푸른색을 거의 볼 수 없고, 대신에 푸른색이 아닌 다른 많은 색깔들이 좀 더 풍부하게 보일 거예요. '보색'이라는 용어가 있는데, 파란색의 보색은 노란색입니다. 선글라스를 쓰고 노란색이 보이나요? 또한 노란색 빛은 빨간색과 초록색 빛으로 이루어지기 때문에, 여러분은 이 선글라스를 끼면 한층 더 풍부한 초록색과 빨간색을 볼 수 있을 거예요.

왜 달걀은 그렇게 생긴 걸까요?

실험에 앞서

여러분은 달걀의 모양을 탐구해 보며, 달걀이 깨지기 쉬운 구조임에도 불구하고 꽤 놀라운 힘을 가지고 있음을 알게 될 거예요.

반으로 쪼갠 달걀 껍질 4개 위에 책을 몇 권이나 놓아도 깨지지 않는다는 것도 발견할 거예요.

달걀이 타원형의 모양을 갖는 데에는 많은 이유가 있어요.
그중 하나는 달걀 모양은 잘 굴러가지 않는다는 것이죠.
그렇기 때문에 엄마 닭이 달걀을 품고 있다가 잠시 일어나도
달걀은 멀리 굴러가지 않아요.

달걀을 식탁 위에서 조심스럽게 굴려 보세요.
이 특이한 모양 때문에 달걀이 공처럼
자유롭게 굴러가지 않는 것을
알게 될 거예요.
또 다른 이유는 이러한 모양이
다른 모양들에 비해 더 큰 힘을 주기 때문입니다.

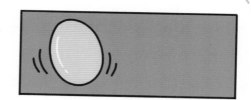

어떤 사람들은 달걀을 손바닥에 놓고 꽉 쥐지만 달걀은 잘 깨지지 않아요.
손의 힘이 달걀 표면으로 퍼지기 때문에
달걀을 쪼갤 만큼 힘이 충분하지 않은 것이죠.
이 실험을 해 보려면 야외나 큰 싱크대 위에서 하길 바랍니다.
달걀을 제대로 쥐지 않으면 사방으로 튈 수도 있거든요.

   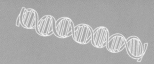

실험 과정

실험 준비물 **4개 이상의 날달걀** | **마스킹 테이프** | **작은 가위** | **비슷한 크기의 책 여러 권**

❶ 조심스럽게 달걀의 중간을 수평 방향으로 깨 주세요. 예쁘게 깨지지 않았다면 다른 달걀로 다시 해 보기 바랍니다.

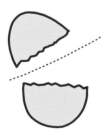

❷ 달걀 내용물은 그릇에 담아 가족들과 함께 프라이를 해 먹으면 되고요.

❸ 빈 껍질 반쪽을 물로 잘 헹구어 말려 주세요.

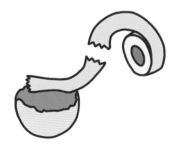

❹ 마스킹테이프를 길게 잘라 각 껍질의 열린 끝에 붙입니다. 안쪽에서요. 들쭉날쭉한 끝부분은 테이프 바깥쪽에 오겠죠.

5 껍질을 깨지 않도록 조심하며 이 들쭉날쭉한 끝부분을 가위로 다듬어 줍니다.

6 자, 그러면 이제 둥그런 달걀 바닥 4개와 뾰족한 달걀 꼭대기 4개가 모두 완성되었네요.

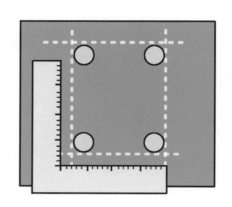

7 탁자 위에 둥그런 달걀 껍질 4개를 직사각형 모양으로 책의 네 꼭짓점에 맞게 잘 놓습니다.

8 그 위에 책을 올려놓는다면 얼마나 많은 책을 달걀이 버틸 수 있을지 한번 예측해 보세요.

9 이제 책을 한 권씩 올려놓기 시작합니다. 책 크기는 서로 비슷해야 해요. 달걀 껍질에 처음으로 금이 가기 전까지 조심스럽게 한 권씩 책을 올려놓으세요. 책이 몇 권 놓였을 때 달걀 껍질에 금이 가는지 관찰해 보세요.

10 달걀 껍질들이 완전히 깨져 주저앉을 때까지 책을 계속 올려놓아 봅시다.

어린이 과학자를 위한 질문

🧪 여러분의 달걀들이 예상한 것보다 많은 책을 버텼나요?

아니면 더 적은 책에서 깨졌나요?

🧪 달걀이 이렇게 많은 무게를 감당할 수 있는데, 그릇 모서리에 톡 갖다 대면 왜 그렇게

쉽게 깨질까요?

🧪 똑같이 달걀 껍질을 사용하되 더 많은 책을 지탱하려면

이 실험에 어떤 변화를 주면 좋을까요?

• 해설은 책 142쪽에 있어요.

달걀의 뾰족한 쪽 껍질을 이용해서 이 실험을 반복해 보아요.

달걀의 어느 쪽 끝이 더 많은 무게를 버티나요?

못으로 된 침대 위에 눕는 마술의 트릭을 어떻게 설명할 수 있나요?

아주 많은 눈이 내린 후 신는 설피는 눈길에서 어떤 도움을 줄까요?

:: 못으로 된 침대 트릭이나 설피는 모두 이 달걀 실험과 같은 원리예요.

못 한 개는 사람의 피부를 뚫을 수 있지만, 수백 개의 못을 사용하면 사람의 체중을

분산시키기 때문에 못 하나가 감당할 무게보다 더 적은 무게를 감당하므로

마술사는 다치지 않는 거죠. 하지만 여러분, 마술사는 안전하게 정말 많이 연습한

사람인 거 알죠? 여러분은 절대로 하면 안 됩니다.

여러분이 평소 신던 신발을 신고 깊이 쌓인 눈 위를 걸으면 자꾸만 발이 눈 속에

빠질 거예요. 하지만 테니스라켓 같은 모양의 설피를 신으면, 체중을 분산시키기

때문에 눈 위에서도 잘 서거나 걸을 수 있답니다.

여러분은 아마도 식물의 잎이 흙을 향해 땅 쪽으로 자라고,
뿌리는 태양을 향해 자라는 것을 본 적이 없을 거예요. 왜 그럴까요?
마치 식물들은 어느 방향으로 자라야 하는지 아는 것처럼
뿌리는 땅 쪽으로, 잎과 꽃은 태양 쪽으로 자랍니다.

꿈나무 과학자인 여러분이 해야 할 일은 바로 이것이랍니다.
식물들이 자신이 자랄 방향에 대해 어떻게 알고 있는지
궁금증을 가져보는 것이지요.

식물들은 위로 자라야 한다는 걸 어떻게 알고 있을까요?

실험에 앞서

우선은 화분에 심은 식물을 가지고,
화분이 기울어질 때의 반응부터 살펴볼 거랍니다.
화분에 담긴 식물처럼, 다 자란 식물이 어떻게 행동하는지 관찰한 다음,
새로 싹이 트기 시작하는 콩을 이용해 콩도 위로 자라는지 관찰해 보려 해요.

과학개념

여러분 동네에서 나무가 자라고 있는 언덕을 한번 찾아보세요.
가파른 언덕일수록 더 좋아요. 나무의 몸통이 자라는 방향을 자세히 보면,
언덕의 경사가 있음에도 나무는 위로 곧게 자라는 걸 볼 수 있을 거예요.

식물은 중력을 느끼는 재주가 있어서 뿌리는 아래로,
줄기와 잎은 수직으로 위로 자란답니다.

이는 옥신이라고 불리는 화학 물질 때문이에요.
옥신은 중력이 작용할 때 식물이 더 길게 자랄 수 있게 해 주는데,
식물이나 잎의 낮은 쪽으로 가려는 경향이 있어요. 그렇기 때문에
줄기와 잎의 아래쪽이 조금씩 길게 자라게 되어 궁극적으로
식물은 위로 자라는 것입니다.

한편 뿌리는 식물의 다른 부분인 것처럼 다르게
행동하는데요. 뿌리에서 옥신은 느린 성장을 일으키기
때문에 옥신이 뿌리 쪽에 모이게 되면
위쪽은 약간 길게 자라고, 뿌리는 아래쪽으로
자라게 됩니다. 이 실험에서 이 두 가지 경우를
모두 관찰해 보아요.

관련교과 과학 5학년 1학기 3단원 – 식물의 구조와 기능
핵심개념 식물의 옥신과 중력

실험 준비물 키친타월 ㅣ 알루미늄 호일 ㅣ 물 ㅣ 물컵 ㅣ 카메라 ㅣ 강낭콩 ㅣ 화분에 심은 식물 3개

씨앗

1 실험을 시작하기 전, 콩을 물이 든 병에
넣고 충분히 적셔 주세요. 물은 쏟아 버리고
콩을 반으로 접은 키친타월 한 면에 놓습니다.

2 콩을 키친타월로 조심스럽게 감싼 다음,
촉촉할 정도로만 물로 적셔 주세요.

3 알루미늄 호일을 접어, 콩이 놓인 키친타월
전체를 감싸 주세요.

4 콩이 든 알루미늄 호일의 한쪽 끝을
위로 향해 컵 안에 놓고,
일주일 정도 둡니다.

5 일주일 뒤, 호일을 조심스럽게 열어 키친 타월을 펼쳐 주세요. 콩은 다시 쓸 것이므로 건드리지 말고, 호일과 키친타월도 다시 써야 하므로 찢어지지 않도록 합니다.

6 콩의 줄기와 뿌리가 자라는 방향을 기록합니다. 아마도 여러분이 콩을 어떻게 놓았건 콩이 찾은 '위쪽' 방향 으로 자라기 시작할 겁니다.

7 콩의 생장을 기록하기 위해 사진도 찍어 두세요.

8 다시 콩을 촉촉하게 한 다음, 알루미늄 호일과 키친타월로 다시 콩을 싸서 컵에 넣습니다. 이번에는 원래 위쪽이었던 끝이 바닥으로 가게 호일을 뒤집어서 넣어 주세요.

줄기가 위로! 뿌리는 아래로!

9 몇 주 뒤, 호일을 열어 새로운 생장을 기록해 보세요. 콩은 바뀐 방향에 대해 다시 적응해서 또 '맞는' 방향으로 자라려고 할 거예요. 기록을 위해 사진을 찍어 두세요.

식물이 심겨진 화분 3개를
햇빛이 잘 드는 곳에 놓습니다.
화분 한 개는 태양 쪽으로
눕혀 놓고, 다른 한 개는
햇빛을 등지는 쪽으로 기울여놓고,
마지막 한 개는 똑바로 둡니다.

 각 식물에 물을 적당히 주고(물을 주기
위해 다시 화분을 세워도 됩니다) 자라는
것을 기록합니다. 특히 이 부분의 실험은
식물에 따라 시간이 오래 걸리기도
하겠지만 인내심을 갖고 기다려 보세요.
하지만 구부러진 식물을 다시 똑바로
하는 데에는 그리 오랜 시간이 걸리지
않는답니다.

줄기가 위로 향하네~

어린이 과학자를 위한 질문

🧪 화분에 심은 식물의 생장을 보며 어떤 것을 관찰했나요?

🧪 해 쪽으로 기울어진 식물과 해 반대쪽으로 기울어진 식물은 생장에 차이가 있었나요?

🧪 식물이 위 실험 결과처럼 자란 이유가 태양이나 다른 요인이 아닌 중력 때문이라고 어떻게 알 수 있었나요?

🧪 첫 주에 여러분이 예상한 방향대로 콩이 자랐나요?

🧪 둘째 주 이후에 콩의 줄기와 뿌리의 생장 방향이 바뀌었나요?

🧪 콩이 한쪽 방향으로 자라다가 바뀔 수 있을까요? 어떻게 설명할 수 있을까요?

● 해설은 책 142쪽에 있어요.

결론

식물들은 이미 씨앗 때부터 어느 방향이 위쪽인지를 아는 능력이 있고,
그 방향대로 자라기 시작해요.

완전히 자란 식물은, 이미 뿌리조직이 한곳에 발달되어 있지만,
꾸준히 줄기와 잎의 생장 방향에 적응하려고 하지요.
매우 높게 자라는 어떤 식물들은 중간에 있는 장애물들을 감고 올라가며
생장하기도 합니다. 역시 위쪽으로 자라기 위해서죠.

자, 이런 실험을 한번 해 보면 어떨까요. 콩을 땅에 옆으로 눕혀 심는 겁니다.
그리고 중력 방향으로 적응해 가는지 관찰해 보세요.

충분한 시간이 흐르면 줄기들은
땅을 뚫고 위로 나올 것이고,
뿌리는 아래쪽으로 자랄 거랍니다.

화학

세상엔 많은 물질들이 있어요. 우리가 볼 수 있는 물질이든 볼 수 없는 물질이든 간에 공통적인 '특성'을 기준으로 나눌 수 있답니다. 예를 들면 밀도나 압력, 온도, 부피, 상태, 원자 구조 등이죠. 이번 장에서는 특별히 상태, 밀도, 압력에 초점을 맞추어 알아보도록 해요.

⑥ 부글부글 끓는 얼음

질량을 갖는 물질들의 대부분은
고체, 액체, 기체라는 세 가지 상태로 존재해요.
이들은 각자만의 고유한 성질을 갖는데,
이 성질들이 물질을 잘 나타내 준답니다.
예를 들어 물을 생각해 볼까요?
물이 고체, 액체, 기체 각각에서
어떻게 보이죠?

🖊 단어알기

고체
물질의 상태 중 딱딱한 상태.
담는 그릇의 모양이 바뀌어도
형태를 계속 유지해요.

액체
흐를 수 있는 상태.
고체보다는 덜 밀집되어 있으나
기체보다는 밀집되어 있지요.
그릇의 모양에 따라 형태가
바뀌어요. 그러나 압력에 따라
부피가 줄거나 늘어나진 않아요.

기체
높은 에너지가 주어지는 상황에서
여러 방향으로 빠르고 불규칙하게
움직이는 분자들로 이루어진
상태. 그릇의 모양에 따라 형태가
바뀌고, 압력에 따라 부피가 줄어
들거나 늘어날 수 있어요.

질문 냄비에서 팔팔 끓고 있는 물에 얼음 조각을 넣으면
왜 끓는 것이 멈출까요?

실험 준비물 물이 담긴 냄비 ┃ 얼음 몇 조각 ┃ 가스레인지

실험
과정

관련교과 과학 5학년 1학기 1단원 – 온도와 열
핵심개념 열의 이동

❶ 가스레인지에 물이 담긴 냄비를 올려놓고
불을 켠 후, 물이 끓을 때까지 둡니다.
위험하므로 부모님의 도움을 받아 하길
바랍니다.

❷ 일단 물이 끓기 시작하면 불을 끄지는 말고
냄비에 얼음 몇 조각을 조심스레 넣어
봅니다. 무슨 일이 일어나는지 관찰해 보아요.

무슨 일이 일어났나요?

물이 끓는 것이 즉시 멈춥니다. 왜 그럴까요?

바로 열역학 제 2 법칙 때문이에요.

이 법칙에 따르면 열은 뜨거운 가스레인지에서

냄비 속 가장 차가운 물질로 흘러가요.

지금 이 실험에서는 얼음이 가장 차갑겠죠?

얼음을 넣기 전에 열은 냄비 속 물을 끓게 했지만,

얼음을 넣으면 이제 열은 얼음에게로 흘러가 녹게 합니다.

✏ **단어알기**

열역학 제 2 법칙

열은 언제나 더 뜨거운
물체로부터 더 차가운 물체로
흐른다는 것이지요.

앗! 물이 얌전해졌어

열은 뜨거운 것에서 차가운 것으로 흐르기 때문이야.

64

따라잡기

얼음이 다 녹고 나면 물이 바로 다시 끓기 시작할까요?

물이 일단 끓기 시작하면 냄비로부터 올라오는 연기 같은 것에 주목하세요.

이것은 '수증기'라고 불리는 것이에요. 물과 똑같은 것이지만 상태만 다른,

기체 상태의 물이랍니다.

:: 얼음이 녹아 물이 될 때, 물은 여전히 차가운데요. 물은 물 전체가 100℃일 때

끓을 수 있기 때문에 다시 끓으려면 녹은 얼음 모두가 100℃까지 뜨거워져야 해요.

냄비 속 물이 모두 그 온도에

도달하게 되면 다시 끓기

시작한답니다.

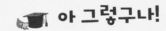 아 그렇구나!

추운 겨울에는 호수가 꽁꽁 얼어붙어요.
이 호수에 물고기가 살 수 있을까요?
호수의 물은 밑에서부터 꽁꽁 어는 것이
아니라 위에서부터 얼기 때문에 위에 있는
얼음은 밑의 물을 추위로부터
보호한답니다. 그래서 물고기가
살 수 있는 거지요.

1kg의 물을 끓게 하는 것보다
1kg의 얼음을 녹이는 데 거의
7배의 에너지가 든다고 해요.

⑦ 둥둥 떠 있는 포도

밀도는 단순히 표현하면 어떤 것이 얼마나 딱딱한가를 보여 주는 거예요.
예를 들어 물은 콘크리트 조각보다 덜 딱딱하니까
물의 밀도는 콘크리트의 밀도보다 작아요.

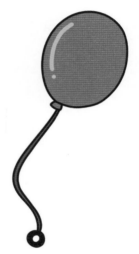

과학자들은 어떤 물질의 밀도를 나타내기 위해
그것의 질량(얼마나 많은 물질이 있는가)과
부피(그 물질이 차지하는 공간이 얼마나 큰가)를
포함한 식을 사용합니다. 덜 조밀할수록
물질을 이루는 입자들이 덜 빽빽하게
물질을 채우고 있다는 것이고,
더 많은 공간을 차지하고 있는 셈이지요.

풍선을 공기 중으로 띄우는 것도,
음료수 위에 얼음이 동동 뜨는 것도,
호수 바닥으로 돌멩이가 가라앉게 하는 것도
모두 밀도와 관계가 있어요.
한편 밀도는 은근히 재밌고 교묘한 면이 있는데요,
실험을 통해 함께 알아보아요.

여러분은 포도알을 컵의 딱 중간까지만 띄울 수 있나요?

실험 준비물 유리컵 4개 ㅣ 테이프 ㅣ 매직(네임펜) ㅣ 큰 유리컵 또는 계량컵 ㅣ 물과 설탕 ㅣ 포도알 ㅣ 숟가락

실험 과정

관련교과 과학 3학년 1학기 1단원 – 우리 생활과 물질

핵심개념 물질의 밀도

❶ 테이프에 매직펜으로 1, 2, 3, 4라고 쓴 뒤 유리컵 4개에 하나씩 붙입니다.

❷ 계량컵에 물을 가득 붓고 설탕을 충분히 넣고 녹입니다. 포도알이 가라앉지 않고 물 위에 둥둥 떠올라야 하므로 충분한 양의 설탕을 넣어 녹여 주세요.

❸ 1번 컵에 물을 가득 채웁니다.

④ 1번 컵에 포도알 하나를 넣고
어떻게 되는지 살펴봅니다.

⑤ 2번 컵에 준비한 설탕물을 가득 채웁니다.

⑥ 포도알 하나를 설탕물이 담긴 2번 컵에 넣어
봅니다. 포도알이 표면에 동동 뜨는 것을
볼 수 있어요.

⑦ 3번 컵의 절반까지 설탕물을 채웁니다.

⑧ 조심스럽게 3번 컵의 남은 공간을 그냥 물로
채울 텐데요, 밑에 있는 설탕물과 섞이지
않도록 주의하세요. 유리컵 안에 숟가락을
놓고 물이 숟가락을 타고 흘러갈 수 있게
합니다. 이것을 자연스럽게 하려면 몇 번
연습을 해 봐야 하고, 아마 성공하고 나면
두 액체가 딱히 차이점이 없다는 것을
알 수 있을 거예요.

⑨ 포도알을 조심스레 3번 컵 안에 넣고 어떻게
되는지 관찰해 봅니다.

무슨 일이 일어났나요?

꼭 알아두기 친구들 앞에서 이 실험을 보여 주기 전에 꼭 혼자 열심히 연습해 보기 바랍니다. '보여 줄 만하겠다' 싶으면 준비된 유리잔을 꺼내 보세요.

포도알은 물보다 밀도가 크기 때문에
물이 담긴 컵의 바닥으로 금방 가라앉아 버립니다.
그리고 설탕물은 물보다 물질을 더 많이 포함하고 있기 때문에 더 밀도가 큰데,
포도알보다도 밀도가 커서 포도알이 위로 떠오르게 되는 것이지요.
바로 3번 컵이 여러분의 마술 같은 잔입니다. 여러분은 무엇이 들어 있는지 알지만
여러분의 마술을 구경하는 사람들은 이것을 모르지요.

포도알이 물보다는 더 밀도가 크니까 물에는 가라앉는데,
설탕물보다는 밀도가 작아서 설탕물의 표면으로 떠오릅니다.
컵 중간에 둥둥 떠 있는 포도알이 정말 신기하죠?

따라잡기

4번 컵을 가지고 새로운 실험을 해 봅니다.

위 실험처럼 설탕물과 물을 조심조심 섞지 말고,

완전히 섞었을 때 3번 컵에서처럼 포도알이 중간쯤에 뜨는지 살펴봅시다.

∷3번 컵에서는 두 층이 섞이지 않게 조절하여 그 사이에 포도알이 머무를 수

있었지만, 4번 컵 실험에서는 두 층이 섞여 농도가 묽어짐에 따라 밀도가 작아질

것이므로 포도알은 가라앉을 것입니다.

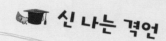

신 나는 격언

통틀어 놓고 보면

과학이란 일상적인 생각을

다듬어 놓은 것일 뿐, 별것 아니다.

– 알버트 아인슈타인

어린이 실험교실 5

질문

여러분은 액체를 둥둥 뜨게 할 수 있나요?

실험에 앞서

층층이 나뉜 용액을 만들려면,

아마도 한 용기에 다른 밀도의 액체를 차례로 붓겠죠?

이때 색소를 조금 사용해 보면

각 용액이 밀도에 따라

어떻게 배치되는지,

정말 층을 이루는지

좀 더 자세히

확인할 수 있을 거예요.

과학개념

얼음이 물에 뜰 수 있는 건 얼음이 물보다 밀도가 작기 때문인데요.
비슷한 원리로, 물보다 밀도가 작은 기름은 물 위에 둥둥 뜹니다.
반면, 진한 용액이나 고체 물질은 물보다 밀도가 크기 때문에 가라앉겠죠?

여러 가지 물질들의 밀도를 비교해 보면 어떨까요?
밀도가 다른 액체들이 층층이 쌓여 있는 용기를 만들어 볼게요.
과학자들은 물질들이 얼마나 다른 물질과 분리되는가를 파악해서
미지의 물질을 구별해 낸답니다.
이 원리를 사용하면 호수나 강에서 오염물질을 쉽게 제거할 수 있어요.

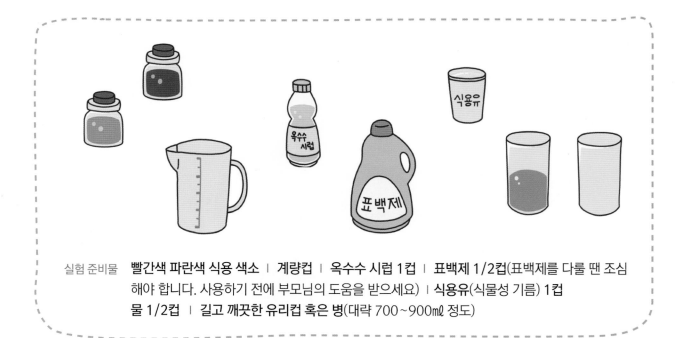

실험 준비물 **빨간색 파란색 식용 색소** | **계량컵** | **옥수수 시럽 1컵** | **표백제 1/2컵**(표백제를 다룰 땐 조심
해야 합니다. 사용하기 전에 부모님의 도움을 받으세요) | **식용유**(식물성 기름) **1컵**
물 1/2컵 | **길고 깨끗한 유리컵 혹은 병**(대략 700~900㎖ 정도)

1 계량컵에 옥수수 시럽을 채우고
빨간색 식용 색소를 섞습니다.
그것을 긴 컵에 붓습니다.

2 긴 컵에 든 옥수수 시럽 위에 식용유를
붓습니다. 두 액체가 섞이나요?

3 깨끗한 계량컵에 물을 채우고
파란색 식용 색소를 섞습니다.
그리고 2번 컵의 식용유 위에
이 물을 붓고 몇 분 정도 안정되길
기다립니다. 병에 물을 부을 때
물이 어느 쪽으로 가나요?
왜 이렇게 되는지 설명할 수 있나요?

4 이제 여러분은 긴 컵에서 3개의 명확한 층
을 볼 수 있을 거예요. 가장 밑에 있는 빨
간색 층, 중간에 있는 파란색 층, 그리고
투명한 맨 윗층까지 말이죠.

5 이제 표백제를 붓고 파란색 물 층이
어떻게 변하는지 관찰합니다.
안정되기까지 몇 분 정도
기다립니다

어린이 과학자를 위한 질문

🧪 파란 물 층에 무슨 일이 일어나나요?

🧪 표백제가 어디까지 갈 수 있는지 설명할 수 있나요?

🧪 왜 표백제는 옥수수 시럽과는 섞이지 않을까요?

• 해설은 책 142쪽에 있어요.

결론

처음 세 가지 액체는 각각 다른 밀도를 가지고 있기 때문에 컵에서 층으로 나뉩니다.

표백제를 넣었을 때 표백제는 기름을 통과하여 가라앉는데,
이것은 표백제가 기름보다 밀도가 크기 때문입니다.

그러나 옥수수 시럽만큼 밀도가 크진 않기 때문에
맨 밑층을 통과하여 가라앉지는 못하지요.
표백제가 파란색 물 층과 비슷한 층에
놓이기 때문에 물과 잘 섞이게 되고,
파란 물은 다시 맑게 변한답니다.

🎓 아 그렇구나!

우리가 숨 쉴 때 마시는 공기는
몇몇 기체들로 이루어져 있답니다.
질소와 산소가 거의 주를 이루지요.
질소 78%, 산소 21%, 다른 기체는
겨우 1%예요!

🎓 시멘트와 철이
물에 둥둥 뜰 수 있다는 거 아세요?
아르키메데스의 원리에 의하면,
아무리 무거운 배라도 그 물체를
떠받드는 힘과 그 물체가
차지하는 물의 무게가 같다면
물에 뜰 수 있답니다.

⑧ 절대 쏟아지지 않는 물

공기는 모든 곳에서 우리를 둘러싸고 있어요.

우리는 불어오는 바람으로 이 공기를 느낄 수 있지요.

공기가 있기에 우리는 숨쉬기도 하고, 풍선에 공기를 채우기도 합니다.

우리는 공기를 눈으로 보거나 맛을 느낄 수는 없어요.

오직 공기를 느끼고, 듣고, 냄새를 맡을 수만 있지요.

그래도 우리 삶에 있어 굉장히 중요한 부분인 것만은 확실해요.

공기가 용기에 담겨 있을 때, 공기를 둘러싸고 있는 것에 대해서 일정한 압력을

나타내요. 이 압력이 바람과 날씨를 만들어 내고 비행기를 날게 하며,

야구에서의 커브 볼을 만들며, 자동차의 타이어를 빵빵하게 만들어

길에서 굴러갈 수 있게 합니다.

이렇듯 공기가 나타내는 압력은 우리 삶의 모든 부분과 관련이 있답니다.

진짜 마술은 아니지만 마술 같은 간단한

트릭 하나를 알려 드릴게요.

일단 공기 압력이 어떻게 일하는지

알기만 하면 여러분은 실험을 통해

친구들을 깜짝 놀라게 해 줄 수도 있고,

공기 압력의 작용을

설명할 수도 있을 거예요.

관련교과 과학 6학년 1학기 4단원 – 여러 가지 기체

핵심개념 공기의 압력

질문

공기 중에서 물을 둥둥 뜨게 만들 수 있을까요?

실험 준비물 　작은 컵으로 물 한 컵 ｜ 메모지나 작은 종이(컵의 표면을 충분히 덮을 만큼 커야 해요.)
　　　　　　　싱크대나 욕조 혹은 대야(떨어지는 물을 받을 수 있는 거라면 뭐든지 좋아요.)

❶ 컵의 3/4까지 물을 채우세요. 물의 양은
중요하지 않지만, 물이 꽉 차 있으면
좀 힘들어요.

❷ 싱크대나 욕조 위에서 조심스럽게
컵을 거꾸로 들어 어떻게 물이 컵 밖으로
흐르는지 관찰해요.

❸ 컵에 물을 다시 채우고 종이를 컵 위에 놓아요. 반드시 종이가 컵 위 전체를 덮을 수 있도록 합니다.

❹ 종이 위에 손을 올려놓고 지그시 누르며 컵을 거꾸로 돌립니다.

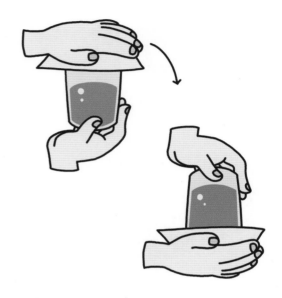

❺ 잠시 손을 떼지 말고 있다가 손을 놓습니다. 종이는 그 자리에 있고, 컵 안의 물이 혼자서 둥둥 떠 있는 것처럼 보일 거예요.

처음에 싱크대에 컵을 기울였을 때, 컵 안의 물은 중력 때문에 컵 밖으로 쏟아져 나왔지요. 이렇게 되지 않게 할 유일한 방법은 중력에 대응할 만한 다른 힘을 찾는 거예요. 공기압을 이용해서요.

종이를 컵에 덧댈 때 바로 이 공기압의 영향을 볼 수 있어요. 실제로 컵 아래에 있는 공기는 여러분 주변의 것들을 밀어내듯이 종이를 밀어 올립니다. 이때 종이를 밀어 올리는 공기의 압력이 물에 미치는 중력의 영향 만큼 충분히 크기 때문에 컵 안에서 물이 '떠 있는' 것처럼 있는 거랍니다.

여러분이 사용한 종이에 미치는 힘이 어느 정도냐에 따라 결국은 물이 조금씩 새어나오는 것을 볼 수 있을 거예요. 일단 이렇게 되면 종이로 막고 있는 것이 깨지면서 종이는 더 이상 중력을 막을 수 없게 됩니다. 중력과의 싸움에서 지는 것이지요. 곧 물은 쏟아져 나올 겁니다.

공기압

어린이
실험교실 ⑥

질문

여러분은 손을 대지 않고
달걀을 병 속으로 쏙 밀어 넣을 수 있나요?

실험에 앞서

공기는 물체를 어떤 공간으로 쏙 집어넣거나
밖으로 빠져나오게 할 수 있어요.
집어넣거나 빠져나올 만한 공간이 넉넉하지 않은 상황에서도 말이죠.

이 실험에서는 완숙된 달걀을 손으로 건드리지 않고
병 속으로 쏙 들어가게 해 볼 거랍니다.

과학개념

공기는 신기하게도 늘 압력이 높은 곳에서 낮은 데로 흘러가요.
자전거 타이어에 구멍이 나면 바람이 빠진다고 하죠?
공기가 압력이 높은 타이어에서 압력이 낮은 밖으로 빠져나가는 것이랍니다.

이 실험에서는 완숙 달걀을 높은 압력(바깥 공기)과
낮은 압력(병 속의 공기) 사이에 둘 거예요.
공기는 병 속으로 들어가면서 그 길에 있는 것들을 다 밀어 버린답니다.
이 원리를 이용해 달걀을 병에 쏙 들어가게 해 보아요.

우선은 바깥 공기가 달걀을 밀어내도록 병 속 공기의 압력을 낮춰야 해요.
그러기 위해 타고 있는 성냥을 병 속에 넣습니다.
성냥은 병 속의 산소가 모두 없어질 때까지 활활 탈 거예요.
산소를 모두 다 써 버리면,
병 안의 공기는 이전보다 줄어들게 되고 압력도 줄어들어요.

곧 바깥 공기가 병 안으로 밀고 들어가며
달걀이 쏙 들어가게 된답니다.

실험 준비물 **유리병**(대략 700~900㎖ 주스병. 달걀이 간신히 통과할 정도여야 하니 입구가 너무 크거나 너무 좁으면 안 돼요.) | **껍질 벗긴 완숙 달걀 1개** | **성냥 3개비**

넣기 실험

❶ 병 입구에 완숙 달걀을 놓아요. 떨어지지 않고 안정적으로 있도록 합니다. 달걀을 살짝 안쪽으로 밀어 보아 달걀을 병에 잘 맞게 얹었는지 확인하세요.

❷ 달걀을 다시 빼고 불을 붙인 성냥 3개비를 병 속에 넣습니다. 성냥을 사용할 땐 반드시 어른과 함께하세요.

❸ 빠르게 달걀을 병 입구에 올려놓습니다. 이때 병 입구를 완벽하게 막을 수 있도록 합니다. 공기가 통하지 않도록요.

④ 성냥이 타들어감에 따라 달걀이 병 속으로 들어가는지 확인해 보세요.

빼기 실험

❶ 병을 거꾸로 들어 달걀이 병 입구 쪽으로 오도록 하고, 병 입구의 틈새로 입김을 불어넣습니다. 어른의 도움을 받으세요.

❷ 병 속의 압력이 높아지면서 병 안에 있던 달걀이 빠져나와 여러분의 입 속으로 쏙 들어갈 거예요.
참, 성냥은 절대 먹으면 안 돼요!

어린이 과학자를 위한 질문

🧪 왜 달걀이 병 속으로 들어갔나요?

🧪 성냥불이 이번 실험에서 한 역할은 무엇일까요?

🧪 공기는 압력이 높은 곳에서 낮은 곳으로 흘러가지요.

이것을 보여 주는 다른 예에는 어떤 것이 있을까요?

● 해설은 책 142쪽에 있어요.

화학 반응

레몬을 한 입 베어 물어 본 적이 있나요?
너무 셔서 얼굴이 찌푸려지지 않던가요?
이렇게 신 음식은 왜 이런 맛이 날까요?

이 장에서 이야기해 볼 산과 염기라는 것이
그 이유 중 하나예요.

레몬이나 다른 신 과일들은 시트르산과 비타민C라고도 하는 아스코르브산
으로 이루어져 있는데, 이 물질들이 매우 신맛을 나게 한답니다.
또 건강에 매우 좋은 물질들이기도 해요.

한편 어떤 음식들은 염기라고 불리는데,
산과는 정반대인 데다가 쓴맛이 나요.
염기에 포함되는 물질들로는
빵을 부풀게 하는 베이킹 소다,
속 쓰림을 없애 주는 제산제,
비누 등이 있어요.

단어알기

산

레몬처럼 신맛이 나는 물질들.
강한 산인 경우 여러분의 피부를
태울 수도 있답니다.

염기

쓴맛이 나는 물질들. 표백제나
암모니아 같은 강한 염기라면
매우 위험할 수 있어요.

⑨ 산성과 염기성, 어떻게 알지?

어떤 물질이 산이고 어떤 물질이 염기인지 알 수 있는 재미난 방법들이 있는데, 집에서 손쉽게 해 볼 만한 것도 있답니다.

질문

여러분은 어떤 물질이 산인지 염기인지 구별할 수 있나요?

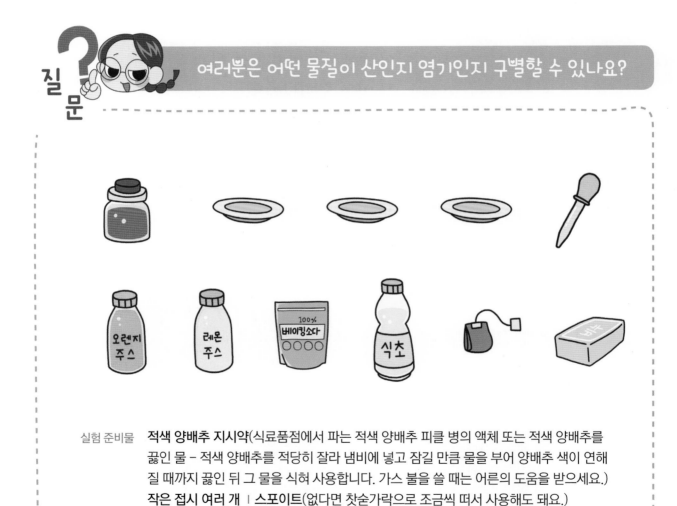

실험 준비물   **적색 양배추 지시약**(식료품점에서 파는 적색 양배추 피클 병의 액체 또는 적색 양배추를 끓인 물 – 적색 양배추를 적당히 잘라 냄비에 넣고 잠길 만큼 물을 부어 양배추 색이 연해질 때까지 끓인 뒤 그 물을 식혀 사용합니다. 가스 불을 쓸 때는 어른의 도움을 받으세요.)
작은 접시 여러 개 ㅣ **스포이트**(없다면 찻숟가락으로 조금씩 떠서 사용해도 돼요.)
산성과 염기성을 알아보고 싶은 우리 주변 물질들(오렌지 주스, 레몬 주스, 베이킹 소다, 식초, 제산제, 티백, 비눗물 등)

실험 과정

1 적색 양배추 지시약을 작은 접시 여럿에
조금씩 붓습니다.

2 준비한 물질들을 각각의 접시에
스포이트를 사용해 떨어뜨린 다음,
색깔이 어떻게 변하는지 관찰합니다.

단어알기

지시약

적색 양배추 물처럼 산성과

염기성을 판별할 수 있는 액체

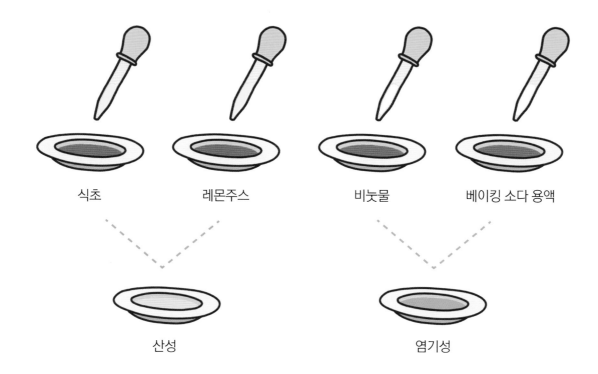

식초   레몬주스   비눗물   베이킹 소다 용액

산성   염기성

무슨 일이 일어났나요?

접시 몇 개에서는 양배추 지시약이 분홍색으로 변했을 거예요.
이것은 바로 여러분이 넣은 물질이 '산'이라는 증거예요.
혹시 다른 접시에서는 초록빛이 도는 푸른색으로 변하지 않았나요?
그 물질들은 '염기'입니다. 이제 산과 염기를 어떻게 찾는지 알았으니,
부엌에서 다른 산과 염기 물질들도 찾을 수 있겠죠?

🎓 아 그렇구나!

물질이 얼마나 산성인가를 측정하기 위해
과학자들은 pH라는 용어를 사용합니다.
pH 값이 7.0인 경우를 '중성'이라 하고,
7.0보다 크면 '염기성', 7.0보다 작으면
'산성'이라고 하지요. 우리 주변에서 쉽게
볼 수 있는 음식들의 pH 값을 볼까요?

레몬 : 2.3
딸기 : 3.2
토마토 : 4.6
감자 : 6.1
사탕수수 : 7.3
달걀 흰자 : 8.0

실험을 할 때는 물질들이 손에 직접 닿지 않
도록 조심하세요. 어떤 산들은 사람에게
굉장히 위험할 수 있거든요.
실험에서 사용한 모든 액체는 절대로
마시지 않도록 합니다.

⑩ 날달걀 껍질을 벗길 수 있다고?

앞의 실험을 통해 산을 어떻게 찾아야 하는지 알았지요?

그럼 이제 달걀에 산이 어떤 일을 할 수 있는지 살펴보아요.

질문 날달걀의 껍질을 어떻게 벗길 수 있을까요?

실험 준비물 날달걀 | 식초 | 유리컵

 **실험 과정**

① 달걀을 유리컵에 넣어요.

② 달걀 전체가 잘 잠길 만큼 식초를 부어 줍니다.

③ 이대로 며칠간 둡니다.

④ 며칠 뒤, 컵 속의 달걀을 관찰합니다. 껍질이 사라지고 투명해진 것을 볼 수 있을 거예요. 껍질의 남은 조각까지 제거하기 위해 표면을 살살 문질러야 할 수도 있어요.

식초 속의 산이 달걀 껍질을 조금씩 먹어치운 것이랍니다.
껍질이 다 사라질 때까지 야금야금 말이에요.
며칠 뒤 속이 투명하게 비치는 달걀을 들여다보면,
달걀을 둘러싼 얇은 막이 눈에 띌 거예요.
여러분이 평소에 삶은 달걀의 껍질을 벗길 때,
단단한 껍질 속에 있던 희고 얇은 막이 바로 이거예요.

아참, 이렇게 껍질이 벗겨지는 과정에서 꽤 많은 공기방울이
식초 속에 있지 않던가요?

달걀 껍질은 탄산칼슘이라는 물질로 되어 있는데
이것이 산인 식초와 반응하여 아세트산칼슘,
이산화탄소와 물을 만든답니다.
여기서 생겨난 이산화탄소가 여러분이 본
공기방울이에요.

⑪ 거품 괴물 되기

방금 전 실험에서 식초를 이용해 이산화탄소 방울을 만들었듯,
여러분이 매일 입 속에 넣는 '그것'도 공기방울을 만들 수 있답니다.
이번에는 산을 전혀 이용하지 않고,
치약과 탄산음료 한 캔만으로 실험해 보아요.

 질문

어떻게 입 안에 부글부글 거품을 물 수 있을까요?

  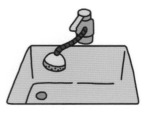

실험 준비물 베이킹 소다 치약 | 탄산음료 또는 탄산수 | 칫솔 | 세면대나 싱크대 또는 대야

1 평소처럼 치약으로 치카치카 양치를 합니다.
거품이 생길 거예요.

2 거품을 뱉기 전에 탄산음료나 탄산수를
한 모금 입에 넣어요. 아마 부글부글 쉭쉭
거품이 많이 생기는 것을 느낄 거예요.

3 자, 그러면 이제 입을 벌려 거품이 밖으로
부글부글 나오도록 해 볼까요?
아마 깜짝 놀랄지도 몰라요.

주의 반드시 어른이 보는 데서 하세요.
부글부글 생겨나는 거품이 싱크대나
세면대 위로 떨어지도록 꼭 그 위에서
실험하는 것 잊지 말고요. 그리고 거품을
삼키려 하거나 입 안에 한참 두지 마세요.
이 거품을 많이 삼키게 되면
엄청 아플 겁니다.

무슨 일이 일어났나요?

여러분이 평소에 양치질을 할 때 느꼈듯,
베이킹 소다 치약의 성분은
거품을 내게 되어 있어요.

여기에 이산화탄소 기체를 가진
탄산음료가 섞이면 거품이 계속 계속
나오는 반응이 일어난답니다.

거품이 쉬지 않고 나오네!

🎓 아 그렇구나!

베이킹 소다 치약은
벽이나 가구에 낙서된 크레용을 지우는 데
도 효과가 있어요. 또한 색이 거뭇하게 변한
은 악세사리를 치약을 탄 물에 담갔다가
닦으면 반짝반짝 윤이 난답니다.

✏️ 단어알기

탄산음료
이산화탄소 기체가 들어 있는
음료로, 쉭쉭 거품이 나게 해요.
사이다나 콜라 같은 음료지요.

질문

무엇이 거품을 일으키나요?

실험에 앞서

이 실험에서는 여러 물질들을 섞어서 거품을 부글부글 일으키는
용액을 만듭니다. 우선 베이킹 소다와 식초부터 섞어 볼 거예요.

이어서 아주 맛있지는 않더라도 여러분만의 레몬 음료를 만들 거랍니다.
물론 안전하게 마실 수 있는 것으로요.

과학개념

어떤 물질들은 다른 물질과 섞일 때
거품이 부글부글 생겨요.
어떤 산과 염기를 섞으면 탄산음료의
거품을 만드는 이산화탄소를 만들기도 해요.
이렇게 반응하는 몇 가지 물질들을 가지고
실험을 해 볼까요.

단어알기

용액

두 개 혹은 더 많은 액체를

섞은 것

실험1 준비물 **식초 1/2 컵** ⎮ **500㎖ 물병** ⎮ **물 1/4컵** ⎮ **베이킹 소다(식용) 2숟가락**

실험2 준비물 **식용 색소** ⎮ **물을 가득 채운 유리컵** ⎮ **베이킹 소다(식용) 3찻숟가락** ⎮ **설탕 2숟가락** ⎮ **레몬 주스 2숟가락**

실험3 준비물 **물을 가득 채운 유리컵** ⎮ **드라이아이스 작은 조각**(아주 많아야 100g 정도.
아이스크림 가게나 생선 가게에서 구할 수 있어요. 드라이아이스를 사용할 때는
꼭 어른의 도움을 받으세요.)

1 병에 식초를 붓습니다.

2 물이 든 컵에 베이킹 소다를 녹인 후,
병에 붓고 식초와 섞어 주세요.

3 무슨 일이 일어나는지 관찰합니다.

실험 2

1 식용 색소를 물이 든 컵에 넣고 잘 섞어 주어
예쁜 색으로 만드세요. 다 만들고 나면
여러분이 맛있게 마실 것이니 이왕이면
좋아하는 색으로 만드는 것이 좋겠죠?
보기 좋은 떡이 먹기도 좋으니까요.

2 위 컵에 베이킹 소다와 설탕을 넣고
다 녹을 때까지 잘 섞어 주세요.

3 레몬 주스를 넣으면서 여러분의
음료수가 탄산음료가 되어 가는 것을
관찰하세요.

실험 3

1 물에 드라이아이스를 넣고
어떻게 되는지 관찰합니다.

주의 드라이아이스는 매우 차가우므로
꼭 장갑을 끼고 어른과 함께 다루세요.

꼴깍꼴깍~ 맛있다!

신기해!
드라이아이스에서
연기가 나네.

어린이 과학자를 위한 질문

🧪 어떤 물질들이 반응하여 거품을 만들어 냈나요?

🧪 음료의 맛이 어떤가요?

더 맛있게 만들기 위해 첨가했으면 하는 것에는 뭐가 있나요?

🧪 탄산음료를 만들기 위해 드라이아이스를 쓸 수 있었나요?

• 해설은 책 142쪽에 있어요.

⑫ 동전 목욕시키기

어떤 화학 반응들은 더러운 물건의 때나 얼룩을 없애 깨끗하게 만들기도 해요.
세제로 옷을 깨끗이 빨거나 설거지하며 그릇을 깨끗이 닦는 것처럼,
비누칠하며 목욕할 때 우리 몸이 깨끗해지는 것처럼 말이죠.

그렇다면 금속은 어떨까요?
금속은 깨끗해지는 것이 쉽지 않아요.

 질문

동전을 어떻게 깨끗이 할 수 있을까요?

실험 준비물 식초 | 유리컵 | 더러운 10원 동전 몇 개 | 소금 1찻숟가락

100

실험
과정

① 유리컵의 절반쯤까지 식초를
부어 주세요.

② 소금을 넣고 다 녹을 때까지
저어 줍니다.

③ 그 유리컵에 더러운 동전 몇 개를
떨어뜨립니다.

④ 몇 분 뒤 동전의 절반쯤을 꺼내서
키친 타올 위에 놓고 말립니다.

⑤ 나머지 동전들도 컵에서 꺼냅니다.
단, 이 나머지 동전들은
말리기 전에 물로 헹궈 주세요.

⑥ 조금 지나, 두 동전 그룹의
차이점을 관찰합니다.

무슨 일이 일어났나요?

소금과 식초의 혼합 용액은 동전에 착 붙어 있는
산화구리라는 잔여물을 느슨하게 만들지요.
이 잔여물을 없애면 동전들은 다시금 반짝반짝 빛이 난답니다.
그래서 여러분이 물로 헹궈낸 동전이 반짝반짝하게 변한 거예요.

한편, 헹구지 않은 동전들은 용액의 일부가 동전에 남아 있지요.
그것이 공기 중의 산소와 만나 새로운 반응을 일으켜서
동전들은 청록색으로 변한답니다.

🎓 아 그렇구나!

산화물이란 금속이
산소를 만났을 때 생기는 물질이에요.
우리가 아는 가장 유명한 산화물은
'녹'이라고도 불리는 산화철입니다.

🎓 50원, 100원, 500원은
구리로 도금되지 않은 동전이어서
이 실험과 같은 결과를 얻을 수 없지요.

와! 정말
반짝반짝
해졌어!

질문

어떻게 금속 물질들은 반짝일까?

실험에 앞서

도금은 금속으로 어떤 물질을 코팅하는 과정이지요.
이것은 전기를 필요로 하는 등 굉장히 복잡하기 때문에
집에서 실험하기에는 어려워요.

지금부터 하려는 실험은 엄밀히 보면
도금이라고 부르기는 어렵지만,
동전으로부터 나온 구리도
못을 덮어씌울 수는 있답니다.

103

과학개념

구리와 같은 물질 표면에서 '원자' 상태로 있는 것들을 없애고 우리 눈에 보이지 않는 '이온' 상태로 물에 둥둥 떠다니게 만들 수 있어요.
이렇게 둥둥 떠다니는 것들을 다시 모으려면, 여러분이 코팅하길 원하는 금속에 그것들이 다시 붙도록 만들면 됩니다.

이 실험의 경우, 식초와 소금 용액은 동전의 때,
즉 산화구리를 이온 상태로 떼어내 용액에 녹게 만들고,
구리 이온이 물에 둥둥 떠 있도록 하기 때문에
다른 금속에 붙을 수 있게 해 줍니다.

즉, 못은 물에 둥둥 떠다니는 구리 이온을
끌어당겨 못을 구리로 도금하게 됩니다.

실험 준비물 **식초 + 소금 용액**(바로 앞 실험에서 만들었던 용액) | **깨끗한 못 2개**
더러운 10원 동전 여러 개

실험 과정

관련교과 과학 5학년 2학기 2단원 – 산과 염기
핵심개념 산의 반응과 도금

① 바로 앞 실험에서 만든 것처럼
식초와 소금 용액을 준비해 주세요.

② 위 용액에 더러운 동전 여러 개를 넣은 뒤
동전들이 깨끗해질 때까지 푹 담가 둡니다.

③ 동전들을 꺼내어 옆쪽에
따로 둡니다.

④ 준비한 못을 위 용액에 넣어
몇 시간 정도 둡니다.

⑤ 못을 꺼낼 때 조심조심 꺼내며 색이
변했는지 확인하세요. 눈에 띌 만큼
충분히 색이 변하지 않았다면 다시
용액에 넣으세요. 이 과정을 더 빠르게
하려면 더러운 동전을 더 많이 넣으면
됩니다.

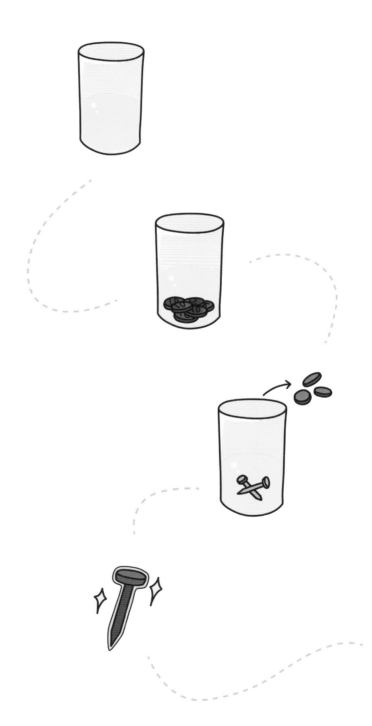

어린이 과학자를 위한 질문

🧪 못에 코팅된 것은 무엇일까요?

🧪 왜 못을 넣기 전에는 이것을 못 본 걸까요?

🧪 못 쓰는 칫솔을 이용하여 도금된 못을 살짝 문질러 봅시다. 도금된 것이 벗겨지나요?

🧪 진짜 도금을 하려면 어떻게 해야 할까요?

• 해설은 책 142쪽에 있어요.

결론

여러분은 깜짝 놀랄 만한 과정을 관찰하고 있는 거랍니다.
산 용액은 동전에서 더러운 때, 다시 말해 산화구리라고도 불리는
산소와 구리의 화합물을 떼어낼 뿐만 아니라,
용액 속에 구리 이온들이 둥둥 떠다니게도 해요.

이러한 이온들은 우리 눈으로 관찰하기에는 너무 작아요.
어떠한 다른 금속 표면에 전자가 남은 경우, 즉 음전하를 띤 금속이 생길 때까지
이 이온들은 그냥 둥둥 떠다닌답니다.

여러분이 못을 산 용액에 넣으면 못에 있던 철 원자 일부가 사라져
못을 음전하를 띠게 하고, 구리 이온들은 이 못에 찰싹 달라붙어
못은 마치 코팅한 것처럼 보인답니다.

나처럼 빨간
옷을 입었네!

뉴스의 일기예보를 보면, 기상캐스터는 현재의 대기 상태와 앞으로의 날씨를 예측하면서 기압을 언급해요. 특별히 기압이 올라갈지 내려갈지에 초점을 맞추어 예보하지요.

일반적으로 저기압 가운데 기압이 내려가면 날씨가 안 좋고, 고기압 가운데 기압이 올라가면 날씨가 좋아져요. 차가운 공기는 기압을 내려가게 하고, 공기가 따뜻해지면 기압은 오르게 되지요.

여러분은 산에 오를 때 이러한 원리를 발견할 수 있을 거예요. 산에 높이 오르면 공기는 줄어들고 즉 기압이 낮아지며, 공기는 대체로 차가워지죠. 가정에서 쉽게 날씨를 예측할 수 있는 기압계를 만드는 것은 생각보다 어렵지 않아요.

기압계는 어떻게 기압을 측정할까요?

에… 오늘은 어제보다…

실험에 앞서

여러분은 이제 가정용 기압계를 만들 건데요,
이것으로 최근 며칠의 날씨를 되짚어 볼 수 있고,
앞으로 날씨가 어떻게 변할지
예측할 수 있어요.
2리터 페트병 속의 물 높이를 이용하여
기압이 높아지고 낮아지는 것을 관찰할 거예요.

과학개념

기압계는 어느 때에라도 바깥의 기압을 잴 수 있어요.
그렇기 때문에 날씨 예측에 이용되지요.
날씨를 예측하려면 기압의 흐름을 잘 살펴야 하니까요.

여러분이 준비한 물병의 수면 높이가 외부 기압에 의해 어떻게 변하는지 측정합니다.
이런 식으로 하루의 측정값을 다른 날과 비교할 수 있겠지요.

관련교과 과학 5학년 2학기 1단원 – 날씨와 우리 생활

핵심개념 기압의 변화

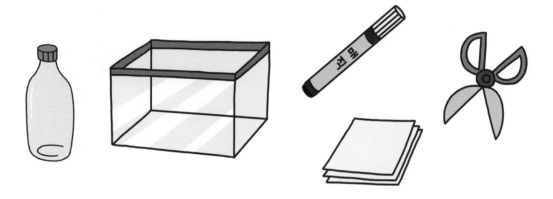

실험 준비물 **빈 2ℓ 페트병**(더 작은 병도 괜찮아요.) | **수조** | **물** | **매직펜** | **종이** | **가위나 칼**

① 가위나 칼로 페트병의 밑부분을
잘라 낼 텐데요. 기울지 않고 똑바로
테이블 위에 설 수 있도록 잘라 주세요.
위험할 수 있으니 어른의 도움을 받으세요.

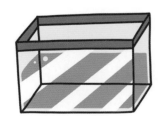

② 수조에 물을 절반 정도 채워 주세요.

③ 밑부분을 잘라낸 페트병의 마개를 닫고 병의 목이 수조 바닥으로 가도록 놓은 뒤 페트병 안에 물을 채웁니다. 이 페트병을 다시 뒤집었을 때 병 안의 수면이 병 바깥의 수조 수면보다 더 높아질 만큼 물을 채워 주세요.

④ 이제 다시 뒤집어 수조에 놓는데, 수조 바닥에 기울어지지 않고 잘 설 수 있도록 병을 놓아 주세요. 그리고 매직펜 으로 지금 물의 높이를 병에 표시합니다.

⑤ 종이를 약간 잘라 똑같은 간격으로 눈금을 그어 줍니다. 0이 반드시 있어야 하고, 이를 기준으로 위 아래로 눈금을 충분히 그립니다. 이 눈금을 이용하여 물의 높이 변화를 살필 거거든요. 변하는 것을 정확히 보려면 눈금을 더 촘촘하게, 대략 3mm쯤 간격으로 그리면 좋겠군요.

⑥ 측정 눈금 종이를 병 한쪽에 붙입니다. 눈금 0이 정확히 병 안의 수면에 맞춰지도록요.

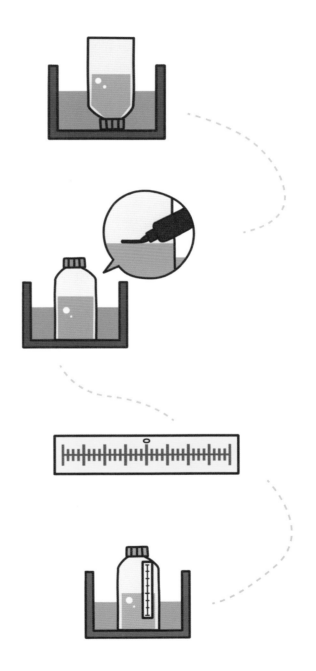

7 측정을 시작할 때의 수면 높이를
측정 눈금 종이에 표시하고,
그 날짜를 옆에 작게 써 줍니다.

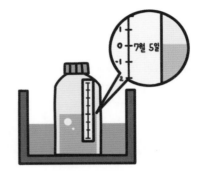

8 24시간이 지난 뒤, 다시 수면 높이를
눈금 종이에 표시하고,
옆에 그 날짜를 써 줍니다.

9 일주일동안 매일 측정을 계속하고,
일주일이 지난 뒤에는 측정 눈금 종이를
떼어내 잘 확인합니다.

축하해요!

여러분은 이제
어린이 기상학자랍니다!
자, 이제 눈금을 더 촘촘히 만들어
반복해 실험하며 앞으로 날씨가
어떻게 변할지 예측해 봐요.

어린이 과학자를 위한 질문

🧪 한 주간 물의 높이가 변했나요?

🧪 물 높이가 올라갔나요, 내려갔나요?

🧪 기압의 어떤 변화가 이러한 물높이의 변화를 가져오나요?

🧪 날씨는 어떻게 변했었나요?

🧪 일기예보에서 예측한 것과 같나요?

• 해설은 책 142쪽에 있어요.

결론

기압이 오르면 수조의 물을 더 강하게 눌러
페트병 안으로 물이 들어가게 합니다.
병 안의 물 높이가 올라가는 한 원인이 되는 것이지요.

기상학자들은 '수은의 높이'라는 용어를 쓰는데,
우리가 실험에서 물 높이를 측정한 것처럼 바깥 압력에 의해
액체의 높이가 어떻게 달라지는가를 측정하는 방법입니다.

만약 날씨가 한 주간 꾸준히 비슷했다면
기압계에서 딱히 큰 변화를 관찰하지는 못했을 테지만,
낙심하지 말고 다시 도전해 보세요.
더 많이 스스로 실험해 보세요.
이 실험은 일 년 내내 해 볼 수 있답니다.

단어알기

기상학자

날씨 상태를 연구하고
보고하는 사람

비눗방울 미로

방울방울 올라가는 비눗방울에 미로가 숨겨져 있어요.
출발부터 도착까지 길을 잘 찾아가 보세요.

물리 (1)

여러분은 놀이터를 자주 찾나요?

그네를 타고, 정글짐을 오르고, 시소를 타고···,

놀이터에는 재미있는 것들이 가득하지요.

한편 놀이터에는 아주 기본적이고 중요한

물리 법칙들이 숨어 있답니다.

⑬ 책상 위 놀이터 만들기

여러분은 시소 타는 것을 좋아하나요?
하늘로 폴짝, 땅으로 쿵!
시소를 타면 엉덩이가 좀 얼얼하기도 하지만
은근히 재미가 있지요.

이번 실험은 무게와 균형에 대한 거랍니다.

시소에서 균형을 어떻게 맞출까요?

 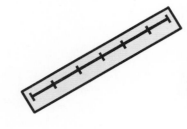 

실험 준비물   **연필** ㅣ 눈금이 있는 30cm 자 ㅣ 같은 재질, 같은 크기의 동전 10개

관련교과 과학 4학년 1학기 1단원 – 무게 재기
핵심개념 수평과 균형

1 책상같이 평평하고 딱딱한 표면이 있는 곳에 연필을 놓으세요.

2 연필 위에다 반대방향으로 자를 올려 놓습니다. 자 15cm 지점에서 평평하게 수평을 이루도록 하면서요.

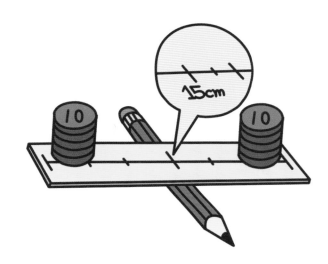

3 자의 한쪽 끝에 동전을 다섯 개 놓으세요.

4 균형이 잘 맞도록 자의 다른 쪽 끝에 나머지 동전 다섯 개를 놓습니다.

5 동전들을 모두 치우세요.

6 받침점에서 약 5cm 지점에 동전을 6개 놓아 주세요.

7 동전을 3개만 이용하여, 6개 놓은 쪽과 균형을 맞출 수 있는 위치를 찾아보세요.

자 밑에 놓여 있는 연필은 자를 지레로 바꿔 줍니다.
연필은 받침점이나 균형점 역할을 해요.
자의 균형을 맞추기 위해서는 양쪽에 같은 크기의 힘이 가해져야 하지요.
여기서의 힘은 동전에 작용하는 중력입니다.

꼭 알아 둬야 할 점이 있어요!
받침점에서 동전이 멀어질수록 자의 균형을 맞추는 데 필요한 중력의 크기는 더 커집
니다. 예를 들어 받침점에서 약 10cm 떨어진 곳에 동전 3개가 있다면(3×10=30),
받침점에서 약 5cm 떨어진 곳의 동전 6개(5×6=30)와 균형이 맞습니다.

또 이 동전 3개와 균형을 이룰 수 있는 다른 방법도 생각해 볼까요?
동전 2개를 받침점에서 15cm 거리에 놓아도 균형이 맞지요.

단어알기

지레

무거운 물건을 들기 위해
사용하는 도구

중력

우리를 지구 중심 방향으로
당기는 힘. 우리가 땅에
있을 수 있게 해 주지요.

따라잡기

시소를 탈 때, 만약 여러분과 마주앉을 상대방이 여러분보다 훨씬 무겁다면 둘은 각각 어디에 앉아야 균형을 이룰까요? 엄마 혹은 아빠와 함께 시소를 탈 때는 어떨까요? 각자의 몸무게를 안다면, 어디에 앉아야 하는지 알 수 있을 겁니다.

: : 시소가 균형을 이루려면 더 무거운 사람이 받침점에서 가까이 앉아야 해요. 거리와의 곱을 줄여야 하니까요. 엄마나 아빠와 시소를 탄다면 무게 차이가 꽤 많이 날 테니 부모님은 시소의 거의 중심에 앉아야 균형이 잘 맞을 겁니다. 친구나 동생과도 시소를 타 보세요. 한쪽에 두 사람이 타고 맞은편에 한 사람이 탄다면 어떻게 해야 균형을 이룰까요? 시소 타기는 '균형'에 대해 공부할 수 있는 좋은 활동이랍니다.

아 그렇구나!

달에서의 중력은
지구에서의 중력과 비교하면 1/6정도예요.
즉, 달에서는 무언가 떨어지는 속도도
지구의 1/6 수준이지요.

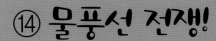

⑭ 물풍선 전쟁!

어린이 어른 할 것 없이 모두가 즐겁게 할 수 있는 놀이 중 하나는
물풍선 던지기가 아닐까요.
소풍날이나 캠프, 어린이들의 생일파티에서 사람들은
물풍선을 터뜨리지 않고
얼마나 멀리까지 주고받을 수 있는지를 시합하곤 하죠.
물론 이기는 것만큼이나 물풍선이 터져 젖는 것도 재미있지만요.

질문?

어떻게 하면 물풍선이 터지지 않을까요?

실험 준비물   물을 채운 물풍선 몇 개 ∣ 물에 젖어도 괜찮은 친구

관련교과 과학 5학년 2학기 3단원 – 물체의 속력

핵심개념 운동과 충격

1 친구를 마주 보고 물풍선을 던지세요.
친구가 터뜨리지 않고 잘 잡았다면
각자 한 걸음 뒤로 가세요.

2 친구가 던진 물풍선을 여러분이 잘 받아
냈다면 각자 뒤로 또 한 걸음 물러나세요.
물풍선이 터질 때까지 되풀이해 봅니다.

3 물풍선을 터뜨리지 않고 얼마나
멀리까지 갈 수 있나 확인해 보세요.

무슨 일이 일어났나요?

물풍선은 풍선이라는 고무 안에 물이 갇혀 있는 거예요.
고무가 터지지 않으면 물을 그대로 있답니다.

도로는 단단하기 때문에 무언가가 부딪칠 때 튕겨 나오는 탄력성이 없어요.
그래서 물풍선을 도로에 던지면 그냥 터져 버리죠.
하지만 잔디는 도로보다는 훨씬 부드럽고 폭신하기 때문에
물풍선을 던지더라도 종종 터지지 않고 그대로 있답니다.

물풍선 던지기 시합에서 이기려면 운동량과 충격량 법칙을 적용해야 하는데
요. 즉, 물풍선이 받는 충격을 줄여 줘야 합니다. 물풍선을 받을 때 손을 약간 빼 보면,
풍선은 안 터질 겁니다.

미식축구 선수들은 태클로 부딪힐 때 덜 아프게 하려고 보호구를 착용합니다. 체조 선수나 레슬링 선수들은 쿠션 위에서 경기를 하는데, 이 역시 충격을 줄이기 위해서랍니다. 스카이다이빙을 하는 사람들은 착지할 때 무릎을 굽히거나 달리기를 하기도 하지요. 충격을 덜기 위해 하는 행동으로 또 무엇이 있을지 생각해 봐요.

∷ 복싱 선수들은 패드가 덧대어진 장갑을 착용합니다. 자전거에 패드가 덧대어진 안장을 사용하는 것도 역시 충격을 줄이기 위해서죠. 테니스 신발 역시 바닥에 패드가 붙어 있습니다. 차에 장착된 에어백은 사고 때에 충격을 줄여 줍니다. 야구에서 포수가 부드럽고 큼직한 글러브로 공을 잡는 것도 충격을 덜기 위한 것이지요.

배는 왜 뜰까요?

실험에 앞서

점토와 몇 가지 재료를 이용해서 어떠한 크기와 모양이 물에 잘 뜰 수 있는
지 알아봅니다. 여러분의 배가 얼마나 많은 무게를 견딜 수 있는지,
어떠한 디자인이 가장 효과적인지도 볼 수 있을 거예요.

점토

과학개념

아르키메데스의 원리에 따르면,
배가 뜨는 것은 배 무게와 동일한 만큼의 힘으로
물이 배를 들어올리기 때문인데요,
이것을 부력이라고 해요.

여러분은 점토 같은 것을 사용함으로써
물에 가라앉는 모양을 만들 수도 있고,
똑같은 양을 가지고 물에 뜨게도 만들 수 있어요.
우리를 비롯하여 배를 만드는 사람이라면 누구나 어떤 모양이 가장 부력을 많이 받는
지 고민하겠죠? 일단 모양을 정하고 여러분만의 배를 만들었다면, 이제 배 위에 짐을
올려 볼까요?

실험 준비물 **수조나 큰 그릇** ǀ **점토** ǀ **같은 동전 여러 개**

1 자신의 손바닥 정도 크기의 점토를 덜어,
돌돌 굴려 공 모양으로 만드세요.
그리고 물속에 떨어뜨려 봅니다.
어떻게 되나 관찰합니다.

2 물에 뜨는 형태가 될 때까지 점토를 빚어
다양한 모양으로 만들어 봅시다.

3 떠 있는 점토 위에 동전을 올려놓습니다.
가라앉을 때까지 계속 올려놓으세요.
동전 몇 개까지 점토가 버틸 수 있는지도
확인해 보세요.

4 물에 뜨는 데 성공한 모양에는
어떤 것들이 있었나요?

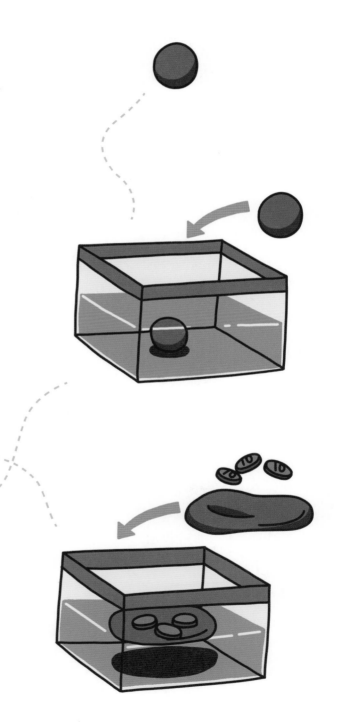

어린이 과학자를 위한 질문

🧪 어떤 모양의 배가 가장 많은 동전을 올렸나요?

🧪 가장 많은 동전을 버틴 배의 특징은 무엇인가요?

🧪 이 아이디어는 수천 톤의 짐을 운반하며 바다를 오가는 큰 배에도 적용될까요?

그 배는 금속으로 만들어졌는데 어떻게 뜨는 걸까요?

🧪 왜 사람은 이 실험의 배처럼 뜨지 않을까요?

● 해설은 책 142쪽에 있어요.

⑮ 아무도 없는데 누가 자꾸 밀어?

여러분이 보는 모든 곳에 있는 물체들은 운동을 하고 있습니다.
자동차도, 새도, 나뭇잎도, 야구공도, 놀이터의 아이들도 말이죠.

여러분이 탄 차가 어떤 방향으로 꺾어 돌 때
반대 방향 문 쪽으로 밀리는 듯한 느낌을 받은 적이 있지요?
차가 왼쪽으로 돌면 오른쪽으로 밀리는 것처럼요!

차가 방향을 꺾어 돌 때,
왜 우리는 반대 방향 문 쪽으로 밀리는 걸까요?

실험 준비물　어른이 운전하는 차(모두가 안전벨트를 꼭 매야 합니다.) ㅣ 코너가 있는 도로
실에 매단 헬륨 풍선(있어도 되고 없어도 됩니다.)

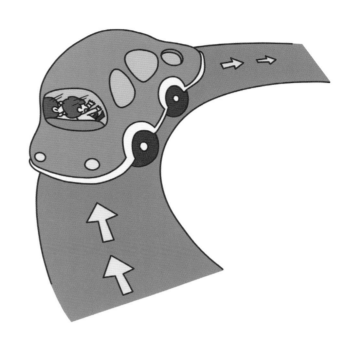

1 운전하는 어른에게 안전한 범위 안에서 여러 속도로 차의 방향을 바꿔 달라고 부탁하세요. 코너에서 차가 돌 때 어느 방향으로 밀리는 느낌이 드는지 말해 보세요.

2 만약 헬륨 풍선이 있다면 풍선에 달린 실을 잡고 풍선이 자유롭게 움직일 수 있도록 해 보세요.

3 차의 방향을 또 다시 몇 번 바꾼 다음, 풍선이 어떻게 움직이는지 표현해 보세요.

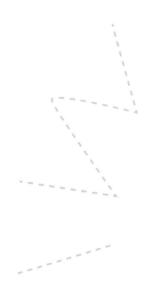

무슨 일이 일어났나요?

사실은 진짜로 문 쪽으로 밀린 게 아니라,
관성 때문이에요.

아이작 뉴턴이 발견한 관성의 법칙에 의하면,
관성은 여러분이 어느 방향으로 움직이든 간에
계속 그 방향으로 움직이려고 해요.

차가 방향을 바꾸어 돌 때 문제가 생기는데,
차가 움직이는 방향과 여러분의 관성이 가고 있는 방향이 달라지지요.
차는 여러분보다 훨씬 크기 때문에 여러분을 밀면서 여러분의 방향을 바꾸고자 하는
것입니다. 하지만 그래도 문으로 밀리는 듯한 느낌이 드는 이유로는 부족한데요.
사실 문이 여러분의 방향을 바꾸기 위해 여러분을 미는 것이랍니다.
다만 관성이 여러분이 문쪽으로 밀린다는 느낌이 들도록 할 뿐이죠.
차가 급정지하거나 급출발할 때도 관성을 느끼지요.

단어알기

관성
물체가 운동 상태를
유지하려는 성질. 움직이고
있으면 계속 움직이려 하고,
정지해 있으면 계속 정지해
있으려 함.

갑자기 멈출 때

갑자기 출발할 때

따라잡기

왜 헬륨 풍선이 여러분과는 반대 방향으로 움직였을까요?

:: 헬륨은 공기보다 가볍기 때문에 다른 물체들과 달리 바닥으로 떨어지지 않아요.
대신 하늘 방향으로 올라가죠. 차가 방향을 틀 때, 풍선을 제외한 차 안의 모든
것들은 직선 방향으로 계속 가고자 하는데요. 풍선은 차가 꺾는 방향으로 따라가려
합니다. 자동차의 속력을 높이고 낮출 때, 풍선이 어떻게 되는가를 관찰해 보면
더 재미있답니다. 왜 차의 풍선이 위험으로부터 안전할 수 있는지 보게 될 거예요.

⑯ 풍선 로켓 만들기

혹시 우주왕복선이 발사되는 것을 본 적이 있나요?
만약 그렇다면 우주왕복선이 매우 많은 양의 가스와
불을 뿜으며 발사되는 것을 보았겠지요.
왜 우주왕복선 같은 로켓은 많은 양의
연료를 태워야 출발할 수 있을까요?

질문

어떻게 로켓은 날아갈 수 있을까요?

실험 준비물 풍선 | 가늘고 긴 줄 | 플라스틱 빨대 | 테이프

실험
과정

1 풍선을 분 뒤, 입구 부분을 손가락으로 꽉
  잡아 바람이 빠져나가지 못하도록 합니다.

2 풍선을 여러분 앞에 놓고 손을 놓아
  보세요. 풍선이 어떻게 움직이는지
  관찰합니다.

3 빨대 안에 가는 줄을 넣어 통과시킨 뒤,
  줄의 양쪽 끝을 벽이나 책장 등
  고정된 곳에 붙여 빨대가 공중에
  매달려 있게 합니다.

4 앞에서처럼 풍선을 불고 입구를 막아
  바람이 못 빠져나가게 해 주세요.

5 풍선의 입구를 꽉 잡고 있는 상태로 풍선을
  빨대에 테이프로 붙여 주세요. 약간 뒤로
  물러나 풍선을 놓아 주고 풍선의 움직임을
  관찰합니다.

무슨 일이
일어났나요?

무언가가 움직이려면 힘이 가해져야 하지요. 아무것도 풍선을 밀고 있지 않은 것 같지만 사실 풍선을 움직이게 하는 무언가가 있습니다.

바로 공기랍니다. 풍선에서 공기가 빠져나올 때, 그 공기 입자들이 풍선 밖의 공기 입자들과 만납니다. 이 두 그룹의 공기 입자들이 서로에게 힘을 가해요.

이것이 바로 풍선을 움직이게 하는 것입니다.

이것은 흔히 '작용 반작용'이라 불리는 법칙으로, 관성의 법칙과 함께 아이작 뉴턴이 발견했어요.

모든 작용(빠져나오는 공기가 바깥 공기를 미는)에는 같은 세기이나 방향은 반대인 반작용(바깥 공기가 풍선에서 나오는 공기를 밀어서 풍선이 움직이도록 만드는)이 있어요.

로켓도 마찬가지로 작동하지요.
이때는 공기로 부푼 풍선 대신 매우 강력한 연료를 태우는 큰 엔진을 사용합니다.

아 그렇구나!

지름이 약 4미터가 넘는 헬륨 풍선이 있어야 약 38kg 정도의 사람이 뜰 수 있다고 합니다.

질문  어떻게 그네는 움직일 수 있을까요?

실험에 앞서

이 실험에서는 그네처럼 생긴 진자라고 불리는 도구를 몇 개 설치할
거예요. 어떤 요인이 진자를 더 빠르게 하거나 느리게 하는지를 알아보려
해요. 줄의 길이나 매달린 추의 무게, 움직이는 거리 등
어떤 것이 진자가 한 번 왔다 갔다 하는 시간에
영향을 미치는지 살펴봅니다.

진자는 일정한 주기로
흔들린다는 거 알고 있니?

✏️ 단어알기

진자
줄 끝에 추를 매달아
좌우로 왔다 갔다 하게 만든 물체

🎓 신 나는 격언

진자는 일정한 주기로 흔들린다.
따라서 시간을 재는 데 사용할 수 있다.
– 갈릴레오 갈릴레이

과학개념

1500년대 이탈리아에서 갈릴레이는
피사 대성당에서 긴 줄에 매달려 흔들리고 있는
샹들리에를 보는 순간, 실험을 해 보고픈 생각이
들었어요. '어떻게 하면 샹들리에를 더 빠르게
흔들리도록 만들 수 있을까?' 생각한 갈릴레이는
그 요인들에 대하여 실험을 계획했답니다.

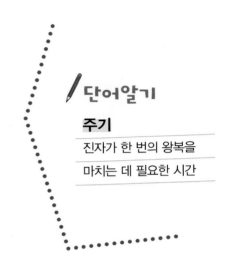

단어알기

주기

진자가 한 번의 왕복을
마치는 데 필요한 시간

가장 확인하기 쉬운 요인은 줄의 길이, 매달린 추의 무게, 움직이는 거리였어요.
위 셋 중 나머지 두 개 요인은 일정하게 유지하면서 한 가지 요인만 변화를 주며
주기에 어떤 영향을 미치는지 확인했지요. 주기란 한쪽 끝에서 반대쪽 끝까지 갔다가
다시 돌아오는 시간을 가리키는 말입니다.

실험 준비물 숟가락 3개 ┃ 90cm 이상 되는 가늘고 긴 줄 ┃ 출입문 ┃ 압정 ┃ 스톱워치

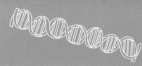

실험
과정

실험1 : 무게

❶ 줄에 숟가락 1개를 매달아 주세요.

❷ 줄의 다른 쪽 끝을 출입문 꼭대기에
압정으로 고정시킵니다.

❸ 숟가락이 매달린 줄을 한쪽으로 당겼다가,
스톱워치를 누르며 놓아주세요.

❹ 줄에 매단 숟가락이 10번 왕복할 동안
시간이 얼마나 걸리는지 스톱워치로
잘 측정하세요.

❺ 줄에 숟가락을 1개 더 매달고 실험을 반복
합니다. 숟가락 2개를 같은 줄에 매답니다.

❻ 시간을 기록하고 숟가락을 1개 더 매달아
주세요. 4개까지 실험하고 기록합니다.

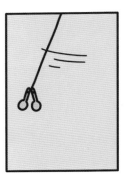
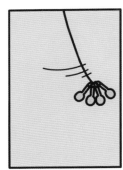

실험2 : 움직이는 거리

1 이번에는 줄에 숟가락 하나만 매달아 놓고
줄을 약간만 뒤로 당깁니다.

2 숟가락이 10번 왕복하는 데 걸리는 시간
을 재서 기록합니다.

3 줄을 좀 더 뒤로 당기고 실험을 반복하고,
시간을 기록하세요.

4 줄을 뒤로 더 당기며, 4개의 기록을
얻을 때까지 실험을 반복합니다.

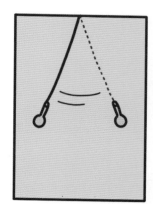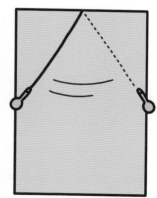

실험3 : 줄의 길이

1 줄에 숟가락 하나를 매달아 10번
왕복하는 데 걸린 시간을 기록합니다.

2 줄의 길이를 10cm 정도 줄인 다음
같은 방법으로 실험합니다.

3 줄을 10cm씩 줄이며 실험을 반복해
시간을 기록하세요.

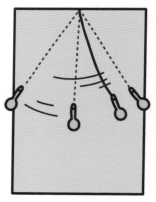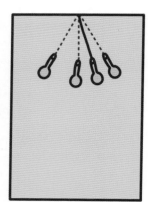

4 4개의 기록이 나올 때까지 실험을
반복해 주세요. 진자의 주기는 줄의
길이에 영향을 받는다는 걸 알았죠?

어린이 과학자를 위한 질문

🧪 어떤 것이 진자의 주기에 영향을 미쳤나요?

🧪 왜 다른 요인들은 영향이 없는 걸까요?

🧪 여러분이 놀이터에서 그네를 탈 때, 속도가 줄어들지 않게 하려면

어떻게 해야 할까요?

• 해설은 책 142쪽에 있어요.

어린이 과학자를 위한 질문 - 해설

콩은 햇빛이 있는 조건이나 없는 조건에서 모두 발아하였다. | 햇빛 아래에 있던 식물이 더 잘 자랐다. | 밝은 곳에 두고 싶다. | 씨앗의 발아 자체는, 어차피 씨앗이 발아하는 것이 땅 속이므로 밝은 곳과 어두운 곳의 차이가 없다. 다만 싹이 터서 자람에 따라 햇빛이 있어야 광합성을 하므로 일반적으로는 밝은 곳에서 더 잘 자란다.

박테리아가 바나나를 분해하며 기체를 발생시키기 때문이다. | 박테리아의 호흡으로 발생한 이산화탄소 기체도 이유가 된다. | 박테리아가 바나나를 분해한다는 것은 곧 바나나가 썩음을 의미한다. | 대략 하루 정도.

계절에 따라 다르겠으나, 더운 여름에 충분히 익은 바나나로 실험한다면 몇 시간 만에도 생길 수 있고, 상온에서도 대체로 며칠이면 생긴다. | 며칠 걸린다. | 초파리가 알을 낳아 구더기가 생겼다. | 다른 박테리아들이 부패하는 것을 도왔을 것이다.

아이들의 실험 따라 다를 것. | 이 실험의 경우 최대한 힘이 분산되어 계란에 작용할 수 있도록 한 것이고, 모서리에 계란을 톡 칠 경우 큰 힘이 좁은 면적에 작용하도록 한 것이기 때문에 계란이 빨리 깨질 수밖에 없다. | 최대한 갈 껍질 4개에 힘이 고르게 작용할 수 있도록 해야한다. 책은 비슷한 크기를 사용하는 것이 좋고(그렇게 할 수 없을 땐 책을 큰 것부터 밑에서 쌓아야 하고, 중간에 작은 책이 들어가고 다시 큰 책이 올라가지 않도록 한다), 또한 아래쪽에 쌓는 책은 표지가 빳빳한 것을 쓰는 것이 4 모서리 모두에 힘이 균일하게 하는 데 도움을 줄 수 있다.

어떤 방향으로 놓아도 햇빛 쪽으로 향해 자라는 것을 관찰했을 것이다. | 햇빛 반대쪽으로 놓은 식물은 굽어 자라고, 햇빛 쪽으로 놓은 식물은 똑바로 자랐을 것이다. | 만약 실험을 약간 더 추가하여, 햇빛이 없는 곳에서 동일하게 방향을 바꾸어 실험하여도 결과가 같았다면 중력의 영향 때문일 것으로 추측할 수 있다. (햇빛이라는 변인을 통제) | 자랐다. | 그렇다. | 콩이 처음에 뿌리를 내릴 때는 굴지성(땅 쪽으로 굽어지는)이 있기 때문에 어느 방향으로 놓든 최대한 중력으로 바닥 쪽, 즉 땅 쪽을 향하여 자라게 되어 있다.

파란 층에 색이 사라진다. | 표백제는 물 층까지 간다. | 표백제의 밀도가 작아 옥수수 시럽 층까지 74쪽
내려갈 수 없다.

병 바깥의 공기 압력이 병 안의 공기 압력보다 크기 때문에, 압력이 큰 곳에서 작은 곳으로 공기가 이동하였기 때문이다. | 연소할 때 병 안의 산소를 사용하여 병 안 공기의 압력을 낮추었다. | 바람이 부는 곳은 '저기압'이다. 즉, 주변보다 공기의 압력이 작은 곳이기 때문에, 이곳보다 더 공기의 압력이 큰, 비교적 고기압인 곳에서 바람이 불어오는 것이다.

84쪽

99쪽

베이킹 소다 속 탄산나트륨이 식초 속 아세트산과 반응하여 이산화탄소 기체를 발생시킨 것이다. 음료의 맛은 어땠는지 표현해 보자. 레몬주스보다 생 레몬을 짜서 넣으면 더 맛있고 설탕보다 요리당 같은 것을 넣는 게 나을 수 있다. | 베이킹 소다는 식용이지만, 드라이아이스의 경우 깨끗한 정도를 장담할 수가 없기 때문에 음료를 만드는 용도로 쓰긴 좀 어려울 것이다.

못에 코팅된 건 구리. 구리 이온이 못에 있는 전자를 얻어 구리 원자로 환원된 것이다. | 구리 이온들이 원자가 되어 많이 모여 있어야 붉은색을 띤 구리로 보이는 것이다. 이온 상태에서는 보이지 않는다. | 벗겨진다. | 전극을 연결하여 전기 도금을 해 줘야 한다.

106쪽

113쪽

변했다. | 올라갔다 or 내려갔다. | 기압이 올라갔다면 물 높이가 높아졌을 것이고(페트병 안보다 페트병 밖 압력이 높은 것), 기압이 내려갔다면 물 높이가 낮아졌을 것이다.(페트병 안보다 페트병 밖 압력이 낮은 것). | 기압이 올라간 날은 맑을 것이고, 기압이 내려간 날은 흐리거나 비가 왔을 것이다. | 같다.

납작한 배. | 부피가 커서 물에 닿는 면적이 가장 크다. 납작하고 넓을수록 동전을 많이 버텼다. 부력을 잘 받는 형태로 배를 만들었기 때문이다. | 우리가 만든 배의 경우, 점토에 작용하는 힘은 이에 대한 중력과 부력뿐인데, 사람은 중력 외에도 스스로 힘을 주기 때문에 힘을 빼고 뜨려 하지 않는 이상 뜨지 못한다. 그래서 서 있는 자세가 아니라, 눕거나 엎드려 힘을 뺄 때 비로소 물에 뜨는 것이다.

129쪽

131쪽

줄의 길이. | 진자가 흔들리는 주기는 중력가속도와 줄의 길이에만 영향을 받는 물리량이다. 지구에서 똑같이 실험할 경우 중력은 똑같다. | 그네 줄의 길이는 같으므로, 움직이는 거리를 같게 하면 주기가 같아지므로 속력도 같다.

평범한 아이를 창의 과학 영재로 만드는

신나는 과학실험의 모든 것 1

초 판 1쇄 2015년 04월 30일

지은이 톰 로빈슨
옮긴이 고아라
펴낸이 류종렬

펴낸곳 미다스북스
등록 2001년 3월 21일 제313-201-40호
주소 서울시 마포구 서교동 486 서교푸르지오 101동 209호
전화 02) 322-7802~3
팩스 02) 333-7804
홈페이지 http://www.midasbooks.net
블로그 http://blog.naver.com/midasbooks
트위터 http://twitter.com/@midas_books
전자주소 midasbooks@hanmail.net

ⓒ 미다스북스 2015, Printed in Korea.

ISBN 978-89-6637-379-6 64400
        978-89-6637-378-9 64400 [세트]
값 13,000원

※파본은 본사나 구입하신 서점에서 교환해 드립니다.
※이 책에 실린 모든 콘텐츠는 미다스북스가 저작권자와의 계약에 따라 발행한 것이므로
  인용하시거나 참고하실 경우 반드시 본사의 허락을 받으셔야 합니다.

미다스북스는 다음세대에게 필요한 지혜와 교양을 생각합니다.